U0337833

土 力 学

主 编　徐　慧　卜万奎　刘　杰

中国矿业大学出版社

内 容 提 要

本书主要介绍了土力学的理论基础,即地基土的物理性质,地基中土的应力、变形及土的抗剪强度等特性。全书共有六章,主要内容包括:土的物理性质及工程分类、土中应力计算、地基变形计算、土的抗剪强度与地基承载力、土压力与土坡稳定性、岩土工程勘察,书后附有土工试验。

本书可供相关专业的研究人员借鉴、参考,也可供广大教师和学生学习使用。

图书在版编目(CIP)数据

土力学 / 徐慧,卜万奎,刘杰主编. —徐州:中国矿业大学出版社,2019.8

ISBN 978 - 7 - 5646 - 4509 - 0

Ⅰ. ①土… Ⅱ. ①徐… ②卜… ③刘… Ⅲ. ①土力学 Ⅳ. ①TU43

中国版本图书馆 CIP 数据核字(2019)第 152375 号

书　　名	土力学
主　　编	徐　慧　卜万奎　刘　杰
责任编辑	何晓明
出版发行	中国矿业大学出版社有限责任公司
	（江苏省徐州市解放南路　邮编 221008）
营销热线	(0516)83884103　83885105
出版服务	(0516)83995789　83884920
网　　址	http://www.cumtp.com　**E-mail**:cumtpvip@cumtp.com
印　　刷	江苏凤凰数码印务有限公司
开　　本	787 mm×1092 mm　1/16　**印张** 11　**字数** 275 千字
版次印次	2019 年 8 月第 1 版　2019 年 8 月第 1 次印刷
定　　价	26.00 元

（图书出现印装质量问题,本社负责调换）

前　言

土力学是高等院校土木工程有关专业的一门综合性很强的专业基础课程。随着城市建设的快速发展以及高层建筑、大型公共建筑、重型设备基础、城市地铁等工程的大量兴建，土力学理论显得越来越重要。

本书根据高等学校的基本要求，严格按照高校土力学课程教学大纲的要求，结合教学改革发展的需求及工程实际的要求，强调针对性和实践性，突出基本概念、基本原则和基本方法，力求做到理论和实际相结合，方便师生学习。本书主要介绍了土力学的理论基础，即地基土的物理性质，地基中土的应力、变形及土的抗剪强度等特性。全书共有六章，主要内容包括：土的物理性质及工程分类、土中应力计算、地基变形计算、土的抗剪强度与地基承载力、土压力与土坡稳定性、岩土工程勘察，书后附有土工试验。

为了让学生更好地掌握课堂所学知识，每章都配有与工程实际和规范紧密结合的例题，后面还设置了"拓展练习"，方便学生随时检测所学知识，加深对本门课程的理解和消化，更好地与实际相结合。

本书由山东省菏泽学院徐慧、卜万奎、刘杰共同编写。具体分工如下：刘杰编写绪论和第一章；卜万奎编写第二章、第四章，徐慧编写第三章、第五章、第六章。全书由徐慧统稿。

本书在编写过程中参阅了一些优秀教材的内容，吸收了国内外众多专家的最新研究成果，在此表示衷心的感谢！

由于编者水平有限，书中疏漏和不妥之处在所难免，恳请广大读者批评指正。

主　编

2019 年 1 月

目　录

绪　论

一、土的概念和特点

土是地壳表层母岩经过风化、搬运、沉积形成的松散矿物颗粒堆积体。未经风化的岩石,其矿物颗粒间有较强的联结,强度高、压缩性小、透水性弱,一般为坚硬的块体。而土是岩石风化的产物,是矿物颗粒的松散集合体。因土的成土母岩以及形成历史不同,所以土体的种类繁多、分布复杂、性质各异。由于土粒之间的联结强度远小于土颗粒自身的强度,因此土体常表现出散体性;由于土的孔隙内存在水和空气,且受外界温度、湿度及压力的影响,所以土又具有多孔性、多样性和易变性等特点。

土在土木工程、水利水电工程中用途很大,常将土作为建筑物的地基(如房屋、水闸、码头、公路、桥梁等),以支承建筑物的自重和外荷载;修建土坝、路基、堤防等时又作为主要的建筑材料,在隧道、涵洞、运河以及其他地下建筑物施工时,常作为建筑物周围环境介质。因此,土的性质对建筑物有着直接的影响。显然进行工程建设时工程技术人员经常会遇到许多关于土工方面的理论和实际问题。

二、土力学的研究对象及发展简史

土力学是从工程力学范畴里发展起来的,它把土作为物理-力学系统,利用力学的一般原理以土为研究对象,研究土的特性及其受力后,应力、变形、渗透、强度和稳定性及其随时间变化规律的学科。同时根据土的实际情况评价各种力学计算方法的可靠性与适用性。

土力学研究始于 18 世纪,有关土力学的第一个理论是 1773 年由 Coulomb 建立并由 Mohr 发展了土的 Mohr-Coulomb 强度理论,为土压力、地基承载力和土坡稳定性分析奠定了基础。1776 年,Coulomb 发表了建立在滑动土楔平衡条件分析基础上的土压力理论。1857 年,Rankine 提出了孔介质中水的渗透理论。Boussinesq 和 Flamant 分别于 1885 年与 1892 年提出了均匀、各向同性的半无限体表面在竖直集中力和线荷载作用下的位移和应力分布理论。这些早期的著名理论奠定了土力学的基础。20 世纪初,土力学继续取得进展,Prandtl 根据塑性平衡理论的原理,研究了坚硬物体压入较软的、均匀的、各向同性材料的过程,导出了著名的极限承载力公式。在此基础上,Terzaghi、Meyerhof、Vesic 和 Hansen 等分别进行了修正、补充和发展,提出了各种地基极限承载力公式。其中,Fellenius 提出了著名的瑞典圆弧法分析土坡的稳定性;特别是 Terzaghi 建立了饱和土的有效原理和一维固结理论,Biot 建立了土骨架压缩和渗透耦合理论,为近代土力学的发展提供了理论和依据。Terzaghi 在 1925 年发表的《土力学》是最早系统论述土力学体系的著作,也是土力学形成一门独立学科的标志。20 世纪中叶,Terzaghi 的《理论力学》以及 Terzaghi 和 Peck 合著的《工程实用土力学》是对土力学的全面总结。

三、土力学的学习内容

本书根据土木、道路、桥梁等专业的教学要求,并兼顾扩大专业面的要求编写,内容包括土的物理性质及工程分类、土中应力分布、土的压缩性与沉降计算、土的抗剪强度、土压力计算及土坡稳定分析、岩土工程勘察。可分为两种类型的内容:第一类是关于土的基本性质的试验、分析以及基本规律的介绍;第二类是土的应力、变形和强度的分析计算。

第一章土的物理性质及工程分类。主要介绍土的物质组成和干湿、疏密状态的指标试验与计算,以及利用土工指标对土进行分类的方法。

第二章土中应力计算。主要研究在外荷载作用下,土体应力状态的变化及其实用计算方法。这种应力的变化通常是造成土体变形或强度破坏的内在原因,在沉降计算时则需要计算土中附加应力沿深度的变化。这一章为后面几章的学习提供关于应力分布的基础知识和计算附加应力的方法。

第三章地基变形计算。主要介绍压缩性指标的试验方法和建筑物沉降计算方法。沉降的计算与控制是地基基础设计的重要内容,过大的沉降与不均匀沉降常常是影响工程安全与正常使用的主要原因。此外,还介绍了分析沉降与时间关系的饱和土固结理论。

第四章土的抗剪强度与地基承载力。主要讨论土的极限平衡理论、土的抗剪强度指标的试验方法与指标的工程应用。土的抗剪强度是土力学的重要课题之一,包括地基承载力、土压力和边坡稳定在内的土体稳定性验算都需要正确地测定与正确应用土的抗剪强度指标。

第五章土压力与土坡稳定性。主要讨论静止、主动与被动土压力的基本概念,朗金土压力理论和库仑土压力理论的基本原理及实用计算方法,特别是各种特殊条件下土压力的计算方法。土坡稳定分析主要介绍均质土和层状土的土坡稳定分析的几种实用方法,讨论在各种工程条件下土坡稳定计算需要考虑的一些特殊问题。

第六章岩土工程勘察。主要介绍了岩石工程勘察目的与任务有关的内容,其中包括岩石工程勘察的目的和任务、岩石勘察的阶段划分以及勘察报告的编制。

希望能将本书各章的内容尽可能地联系起来分析,以获得比较完整的知识,正确理解土力学的基本概念和了解土力学理论与工程实践之间可能存在的差别,这对于土木工程师是非常重要的。

四、土力学的特点和学习方法

土力学的学习内容包括理论、试验和经验。理论是土力学研究中的一些方法,理论研究中常做一些假设,应当指出,任何简化模型的假设都必须以比较丰富而且正确的经验和感性知识为依据,必须对土的自然性质具有比较清楚的概念。学习中要重点掌握理论公式的意义和应用条件,明确理论的假定条件,掌握理论的适用范围。目前应用这些理论时,必须注意其应用场合和条件,结合一定的模型试验和工程经验加以比较分析。试验是了解土的物理性质和力学性质的基本手段,学习中要重点掌握基本的土工试验技术,尽可能多动手操作,从实践中获取知识,积累经验,并把重点落实到如何学会结合工程实际加以应用上。

第一章 土的物理性质及工程分类

【学习目标】 熟悉并掌握土的生成及组成的基本概念;熟悉掌握并能熟练计算土的物理性质与物理状态指标;熟悉土的压实原理;了解并掌握土的工程分类。

第一节 土的概念与基本特征

土是岩石经风化、剥蚀、搬运、沉积所形成的产物。不同类型的土其矿物成分和颗粒大小存在着很大的差异,颗粒、水和气体的相对比例也各不相同。

土的物理性质如轻重、软硬、干湿、松密等在一定程度上决定了土的力学性质,是土的最基本特征。土的物理性质由三相物质的性质、相对含量及土的结构等因素决定。

第二节 土 的 生 成

构成天然地基的物质是地壳外表的土和岩石。地壳表层的岩石长期暴露在大气中,经受气候的变化,会逐渐崩解,破碎成大小和形状不同的一些碎块,这个过程称为物理风化。物理风化后的产物与母岩具有相同的矿物成分,这种矿物称为原生矿物,如石英、长石、云母等。物理风化后形成的碎块与水、氧气、二氧化碳等物质接触,使岩石碎屑发生化学变化,这个过程称为化学风化。化学风化改变了原来组成矿物的成分,产生了与母岩矿物成分不同的次生矿物,如黏土矿物、铝铁氧化物和氢氧化物等。动植物和人类活动对岩石的破坏,称为生物风化。如植物的根对岩石的破坏、人类开山等,其矿物成分未发生变化。

土具有各种各样的成因,不同成因类型的土具有不同的分布规律和工程地质特征。下面简单介绍几种主要的成因类型。

1. 残积土

残积土是指残留在原地未被搬运的那一部分原岩风化剥蚀后的产物。残积土与基岩之间没有明显的界线,一般是由基岩风化带直接过渡到新鲜基岩。残积土的主要工程地质特征为:没有层理构造,均质性很差,因而土的物理力学性质很不一致,颗粒一般较粗且带棱角,孔隙比较大,作为地基易引起不均匀沉降。

2. 坡积土

坡积土是雨雪水流的地质作用将高处岩石风化产物缓慢地洗刷剥蚀、沿着斜坡向下逐渐移动、沉积在平缓的山坡上而形成的沉积物。坡积土的主要工程地质特征为:会沿下卧基岩倾斜面滑动;土颗粒粗细混杂,土质不均匀,厚度变化大,作为地基易引起不均匀沉降;新近堆积的坡积物土质疏松,压缩性较高。

3. 洪积土

洪积土是由暂时性山洪急流挟带着大量碎屑物质堆积于山谷冲沟出口或山前倾斜平原而形成的沉积物。洪积土的主要工程地质特征为:常呈现不规则交错的层理构造,靠近山地的洪积物的颗粒较粗,地下水位埋藏较深,土的承载力一般较高,常为良好的天然地基;离山较远地段的洪积物颗粒较细,成分均匀,厚度较大,土质较为密实,一般也是良好的天然地基。

4. 冲积土

冲积土是江河流水的地质作用剥蚀两岸的基岩和沉积物,经搬运与沉积在平缓地带而形成的沉积物。冲积土可分为平原河谷冲积土、山区河谷冲积土和三角洲冲积土。冲积土的主要工程地质特征为:河床沉积土大多为中密砂砾,承载力较高,但必须注意河流的冲刷作用及凹岸边坡的稳定;河漫滩地段地下水埋藏较浅,下部为砂砾、卵石等粗粒土,上部一般为颗粒较细的土,局部夹有淤泥和泥炭,压缩性较高,承载力较低;河流阶地沉积土强度较高,一般可作为良好的地基;山区河谷冲积物颗粒较粗,一般为砂粒所充填的卵石、圆砾,在高阶地往往是岩石或坚硬土层,最适宜作为天然地基;三角洲冲积土的颗粒较细,含水量大,呈饱和状态,有较厚的淤泥或淤泥质土分布,承载力较低。

5. 其他沉积土

除上述几种沉积土之外,还有海洋沉积土、湖泊沉积土、冰川沉积土、海陆交互相沉积土和风积土。它们分别由海洋、湖泊、冰川及风的地质作用而形成。

第三节　土 的 组 成

在天然状态下,自然界中的土是由固体颗粒、水和气体组成的三相体系。固体颗粒构成土的骨架,骨架之间贯穿着孔隙,孔隙中填充有水和气体,因此,土也被称为三相孔隙介质。在自然界的每一个土单元中,这三部分所占的比例不是固定不变的,而是随着周围环境条件的变化而变化。土的三相比例不同,其状态和工程性质也就不同。当土中孔隙没有水时,称为干土;若土位于地下水位线以下,土中孔隙全部充满水时,称为饱和土;土中孔隙同时有水和气体存在时,称为非饱和土(湿土)。

一、土的固体颗粒

1. 粒组划分

自然界中的土都是由大小不同的土颗粒组成的,土颗粒的大小与土的性质密切相关。如土颗粒由粗变细,则土的性质由无黏性变为黏性。粒径大小在一定范围内的土,其矿物成分及性质也比较相近。因此,可将土中各种不同粒径的土粒按适当的粒径范围分为若干粒组,各个粒组的性质随分界尺寸的不同而呈现出一定的变化。划分粒组的分界尺寸称为界限粒径,根据《土的工程分类标准》(GB/T 50145—2007)规定,土的粒组应按表 1-1 划分。

表 1-1 土的粒组划分

粒组名称		粒径范围/mm	一般特征
漂石或块石颗粒		>200	透水性很大,无黏性,无毛细水
卵石或碎石颗粒		200~20	
圆砾或角砾颗粒	粗	20~10	透水性大,无黏性,毛细水上升高度不超过粒径大小
	中	10~5	
	细	5~2	
砂粒	粗	2~0.5	易透水,当混入云母等杂质时透水性减小,而压缩性增加;无黏性,遇水不膨胀,干燥时松散;毛细水上升高度不大,随粒径变小而增大
	中	0.5~0.25	
	细	0.25~0.1	
	极细	0.1~0.075	
粉粒	粗	0.075~0.01	透水性小;湿时稍有黏性,遇水膨胀小,干时稍有收缩;毛细水上升高度较大较快,极易出现冻胀现象
	细	0.01~0.005	
黏粒		<0.005	透水性很小;湿时有黏性、可塑性,遇水膨胀大,干时收缩显著;毛细水上升高度大,但速度较慢

土中各粒组相对含量百分数称为土的颗粒级配。

确定各个粒组相对含量的颗粒分析试验方法分为筛分法和沉降分析法两种。筛分法是用一套不同孔径的标准筛把各种粒组分离出来,适用于粒径在 $0.075\sim60$ mm 的土。沉降分析法包括密度计法(也称比重计法)和移液管法(也称吸管法),是利用不同大小的土粒在水中的沉降速度不同来确定小于某粒径的土粒含量,适用于粒径小于 0.075 mm 的土。此外,许多科研单位目前已采用激光粒度分析仪测量粉粒和黏粒含量,该仪器具有测量范围大、测量速度快、测量准确性高、操作方便等优点。

根据颗粒大小分析试验结果,可以绘制颗粒级配曲线(粒径分布曲线),以判断土的级配状况。土的颗粒级配是指土中各个粒组占土粒总量的百分率,常用来表示土粒的大小及组成情况。颗粒级配曲线一般用横坐标表示粒径,由于土粒粒径相差悬殊,常在百倍、千倍以上,所以采用对数坐标形式;纵坐标用来表示小于某粒径的土的质量分数(或累计百分含量)。图 1-1 所示曲线 a 平缓,则表示粒径大小相差较大,土粒不均匀,即为级配良好;反之,曲线 b 较陡,则表示粒径的大小相差不大,土粒较均匀,即为级配不良。

工程上常采用不均匀系数 C_u 和形状曲率系数 C_c 两个级配指标来定量反映土颗粒的组成特征。

粒径分布的均匀程度可用不均匀系数 C_u 表示,其表达式为:

$$C_u = \frac{d_{60}}{d_{10}} \tag{1-1}$$

土颗粒级配的连续程度可由粒径分布曲线的形状曲率系数 C_c 表示,其表达式为:

$$C_c = \frac{d_{30}^2}{d_{60} \cdot d_{10}} \tag{1-2}$$

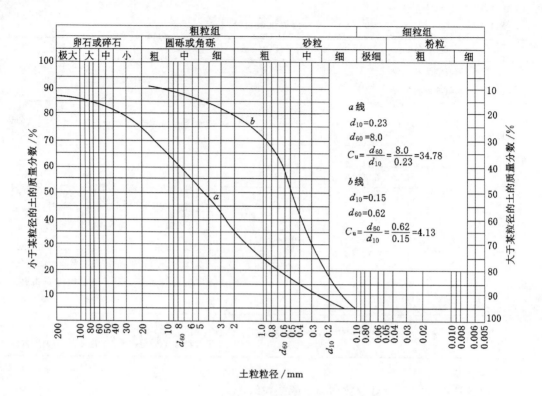

图 1-1　颗粒级配曲线

式中　d_{60}——在土的颗粒级配曲线上的某粒径,小于该粒径的土粒质量占土的总质量的60%时所对应的粒径,称为限定粒径;

　　　　d_{10}——在土的颗粒级配曲线上的某粒径,小于该粒径的土粒质量占土的总质量的10%时所对应的粒径,称为有效粒径;

　　　　d_{30}——在土的颗粒级配曲线上的某粒径,小于该粒径的土粒质量占土的总质量的30%时所对应的粒径,称为连续粒径。

　　不均匀系数 C_u 越大,则曲线越平缓,表示颗粒分布范围越广,土粒越不均匀;反之,C_u 越小,颗粒越均匀,级配不良。若曲率系数 C_c 在 1~3 之间,则反映颗粒级配曲线形状没有突变,各粒组含量的配合使该土容易达到密实状态,反之则表示缺少中间颗粒。工程中通常将满足不均匀系数 $C_u \geqslant 5$ 且曲率系数 $C_c = 1 \sim 3$ 的土称为级配良好的土。

　　颗粒级配可以在一定程度上反映土的某些性质。对于级配良好的土,较粗颗粒间的孔隙被较细的颗粒填充,颗粒之间粗细搭配填充好,易被压实,因而土的密实度较好,相应地基土的强度和稳定性也较好,透水性和压缩性较小,可用作路基、堤坝或其他土建工程的填方土料。

　　2. 土粒的成分

　　土粒的矿物成分分为原生矿物和次生矿物。一般粗颗粒的砾石、砂等都是由原生矿物组成的,成分与母岩相同,性质比较稳定,其工程性质表现为无黏性、透水性较大、压缩性较低,常见的如石英、长石和云母等。细粒土主要由次生矿物构成,而次生矿物主要是黏性矿物,其成分与母岩完全不同,性质较不稳定,具有较强的亲水性,遇水容易膨胀,失水容易收缩。常见的黏土矿物有蒙脱石、伊利石、高岭石,这三种黏土矿物的亲水性依次减弱。

二、土中水

自然状态下土中都含有水,土中水与土颗粒之间的相互作用对土的性质影响很大,而且土颗粒越细影响越大。土中液态水主要有结合水和自由水两大类,如图1-2所示。

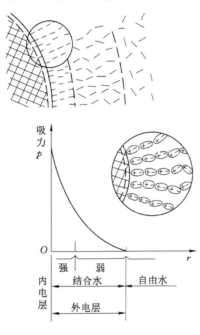

图 1-2　土中水的示意图

1. 结合水

结合水是指由土粒表面电分子吸引力吸附的土中水,根据其离土粒表面的距离不同又可以分为强结合水和弱结合水。

(1) 强结合水:是指紧靠颗粒表面的结合水,厚度很薄,大约只有几个水分子的厚度。由于强结合水受到电场的吸引力很大,故在重力作用下不会流动,性质接近固体,不传递静水压力。强结合水的冰点远低于 0 ℃,可达−78 ℃,在温度达 105 ℃以上时才能蒸发。

(2) 弱结合水:是在强结合水以外,电场作用范围以内的水。弱结合水仍受颗粒表面电分子吸引力影响,但其力较小,且随着距离的增大逐渐消失而过渡到自由水,这种水也不能传递静水压力,具有比自由水更大的黏滞性。它是一种黏滞水膜,可以因电场引力从一个土粒的周围转移到另一个土粒的周围,即弱结合水膜能发生变形,但不因重力作用而流动。弱结合水对黏性土的性质影响最大,当土中含有此种水时,土呈半固态,当含水量达到某一范围时,可使土变为塑态,具有可塑性。

2. 自由水

自由水是指存在于土粒电场范围以外的水,自由水又可分为重力水和毛细水。

(1) 重力水:是在土孔隙中受重力作用能自由流动的水,具有一般液态水的共性,存在于地下水位以下的透水层中。重力水在土的孔隙中流动时,能产生渗透力,带走土中细颗粒,而且还能溶解土中的盐类。这两种作用会使土的孔隙增大,压缩性提高,抗剪强度降低。地下水位以下的土粒受水的浮力作用,使土的自重应力状态发生变化。在水头作用下,重力水会产生渗透力,对开挖基坑、排水等方面均产生较大影响。

(2)毛细水:是受到水与空气交界面处表面张力作用的自由水。毛细水位于地下水位以上的透水层中,容易湿润地基造成地陷,特别在寒冷地区要注意因毛细水上升产生冻胀现象,地下室要采取防潮措施。

三、土中气体

土中气体存在于土孔隙中未被水占据的部位。土中气体以两种形式存在,一种与大气相通,另一种则封闭在土孔隙中与大气隔绝。在接近地表的粗颗粒土中,土孔隙中的气体常与大气相通,它对土的力学性质影响不大。在细粒土中常存在与大气隔绝的封闭气泡,它不易逸出,因此增大了土的弹性和压缩性,同时降低了土的透水性。

对于淤泥和泥炭等有机质土,由于微生物的分解作用,在土中蓄积了甲烷等可燃气体,使土在自重作用下长期得不到压密,从而形成高压缩性土层。

四、土的结构

土的结构是指土颗粒的大小、形状、表面特征、相互排列及其联合关系的综合特征。一般分为单粒结构、蜂窝结构、絮状结构。

1. 单粒结构

单粒结构是无黏性土的基本组成方式,由较粗的砾石颗粒、砂粒在自重作用下沉积而成。因颗粒较大,粒间没有黏结力,有时仅有微弱的假黏聚力,土的密实程度受沉积条件影响。如土粒受波浪的反复冲击推动作用,则其结构紧密、强度大、压缩性小,是良好的天然地基;而洪水冲击形成的砂层和砾石层,一般较疏松,如图1-3所示。由于孔隙大,土的骨架不稳定,当受到动力荷载或其他外力作用时,土粒易于移动,以趋于更加稳定的状态,同时产生较大变形,这种土不宜作天然地基。如果细砂或粉砂处于饱和疏松状态,在强烈振动作用下,土的结构趋于紧密,在瞬间变成了流动状态,即所谓"液化",土体强度丧失,在地震区将产生危害。1976年唐山大地震后,当地许多地方出现了喷砂冒水现象,这就是砂土液化的结果。

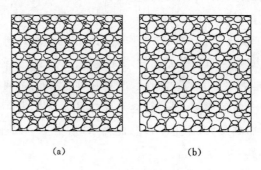

(a) (b)

图 1-3 单粒结构

(a)紧密结构;(b)疏松结构

2. 蜂窝结构

组成蜂窝结构的颗粒主要是粉粒。研究发现,粒径为 0.05～0.005 mm 的颗粒在水中沉积时,仍然是以单个颗粒下沉,当到达已沉积的颗粒时,由于它们之间的相互引力大于自重力,因此土粒停留在最初的接触点上不能再下沉,形成的结构像蜂窝一样,具有很大的孔隙,如图 1-4 所示。

3. 絮状结构

粒径小于 0.005 mm 的黏粒在水中处于悬浮状态,不能靠自重下沉。当这些悬浮在水中的颗粒被带到电解质浓度较大的环境中(如海水),黏粒间的排斥力因电荷中和而破坏,聚集成絮状的黏粒集合体,因自重增大而下沉,与已下沉的絮状集合体相接触,形成孔隙很大的絮状结构,如图 1-5 所示。

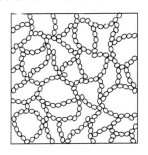

图 1-4　蜂窝结构

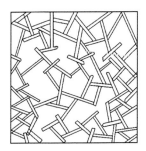

图 1-5　絮状结构

具有蜂窝结构和絮状结构的土,因为存在大量的细微孔隙,所以渗透性小、压缩性大、强度低,土粒间黏结较弱。受扰动时,土粒接触点可能脱离,导致结构强度损失,强度迅速下降,静止一段时间后,随时间增长,强度还会逐渐恢复。这类土颗粒间的黏结力往往由于长期的压密作用和胶结作用而得到加强。

五、土的构造

土的构造是指同一土层中颗粒或颗粒集合体相互间的分布特征。通常分为层状构造、分散构造和裂隙构造。

层状构造在土粒在沉积过程中,由于不同阶段的物质成分、颗粒大小不同,沿垂直向呈层状分布。

分散构造土层颗粒间无大的差别,分布均匀,性质相近,常见于厚度较大的粗粒土。

裂隙构造是指土体被许多不连续的小裂隙所分割。裂隙的存在大大降低了土体的强度和稳定性,增大了透水性,对工程不利。

第四节　土的三相比例指标

一、土的三相图

描述土的三相物质在体积和质量上的比例关系的有关指标,称为土的三相比例指标。三相比例指标反映着土的干和湿、松和密、软和硬等物理状态,是评价土的工程性质的最基本的物理指标,也是工程地质报告中不可缺少的基本内容。三相比例指标可分为两种,一种是基本指标,另一种是换算指标。

如前所述,土由固体颗粒(固相)、水(液相)和气体(气相)组成。为了便于说明和计算,通常用土的三相组成图来表示它们之间的数量关系,如图 1-6 所示。三相图的右侧表示三相组成的体积关系,左侧表示三相组成的质量关系。

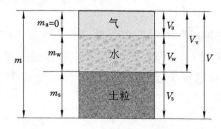

图 1-6　三相关系简图

二、基本试验指标

土的含水量、密度、土粒比重三个三相比例指标可由土工试验直接测定,称为基本指标,亦称为试验指标。

1. 土的含水量

土中水的质量与土粒质量之比(用百分率表示),称为土的含水量,亦称为土的含水率。即:

$$w = \frac{m_w}{m_s} \times 100\% \tag{1-3}$$

含水量是标志土的湿度的一个重要物理指标,一般采用烘干法测定。天然土层的含水量变化范围很大,它与土的种类、埋藏条件及其所处的自然地理环境等有关。同一类土,含水量越高则土越湿,一般来说也就越软。

2. 土的密度 ρ 和重度 γ

单位体积内土的质量称为土的密度 ρ(g/cm³ 或 t/m³),单位体积内土所受的重力(重量)称为土的重度 γ(kN/m³)。

$$\rho = \frac{m}{V} \tag{1-4}$$

$$\gamma = \rho g \tag{1-5}$$

式中　g——重力加速度,一般在工程计算中近似取 $g=10$ m/s²。

密度用环刀法测定。天然状态下土的密度变化范围比较大,一般黏性土 $\rho=1.8\sim2.0$ g/cm³,砂土 $\rho=1.6\sim2.0$ g/cm³。

3. 土粒比重 G_s

土粒质量与同体积 4 ℃时纯水的质量之比,称为土粒比重(无量纲),亦称土粒相对密度。即:

$$G_s = \frac{m_s}{V_s \rho_w} = \frac{\rho_s}{\rho_w} \tag{1-6}$$

式中 ρ_s——土粒的密度,g/cm^3;

ρ_w——4 ℃时纯水的密度,一般取 $\rho_w = 1$ g/cm^3。

三、其他换算指标

在测定上述三个基本指标之后,经过换算可求得下列六个指标,称为换算指标。

1. 干密度 ρ_d 和干重度 γ_d

单位体积内土颗粒的质量称为土的干密度 ρ_d(g/cm^3);单位体积内土颗粒所受的重力(重量)称为土的干重度 γ_d(kN/m^3),其计算公式为:

$$\rho_d = \frac{m_s}{V} \tag{1-7}$$

$$\gamma_d = \rho_d g \tag{1-8}$$

在工程上常把干密度作为检测人工填土密实程度的指标,以控制施工质量。

2. 土的饱和密度 ρ_{sat} 和饱和重度 γ_{sat}

饱和密度 ρ_{sat}(g/cm^3 或 t/m^3)是指土中孔隙完全充满水时,单位体积上的质量;饱和重度 γ_{sat}(kN/m^3)是指土中孔隙完全充满水时,单位体积内土所受的重力(重量),即:

$$\rho_{sat} = \frac{m_s + V_v \rho_w}{V} \tag{1-9}$$

$$\gamma_{rat} = \rho_{sat} g \tag{1-10}$$

3. 土的有效密度 ρ' 和有效重度 γ'

土的有效密度 ρ'(g/cm^3 或 t/m^3)是指在地下水位以下,单位土体积中土粒的质量扣除土体排开同体积水的质量;土的有效重度 γ'(kN/m^3)是指在地下水位以下,单位土体积中土粒所受的重力扣除水的浮力,即:

$$\rho' = \frac{m_s - V_s \rho_w}{V} \tag{1-11}$$

$$\gamma' = \rho' g \tag{1-12}$$

从上述土的密度或重度的定义可知,同一土样各种密度或重度在数值上有如下关系:

$$\rho_{sat} > \rho > \rho_d > \rho'$$

$$\gamma_{sat} > \gamma > \gamma_d > \gamma'$$

4. 土的孔隙比 e

孔隙比为土中孔隙体积与土的固体颗粒体积之比,用小数表示:

$$e = \frac{V_v}{V_s} \tag{1-13}$$

孔隙比是评价土的密实程度的重要指标。一般孔隙比小于 0.6 的土是低压缩性的土,孔隙比大于 1.0 的土是高压缩性的土。

5. 土的孔隙率 n

孔隙率为土中孔隙体积与土的总体积之比,以百分率表示:

$$n = \frac{V_v}{V} \times 100\% \tag{1-14}$$

土的孔隙率也可用来表示土的密实程度。

6. 土的饱和度 S_r

土中孔隙水体积与孔隙体积之比,称为土的饱和度,以百分率表示。即:

$$S_r = \frac{V_w}{V_v} \times 100\%$$ (1-15)

饱和度用于描述土体中孔隙被水充满的程度。干土的饱和度 $S_r = 0$,当土处于完全饱和状态时 $S_r = 100\%$。根据饱和度的不同,土可划分为稍湿、很湿和饱和三种湿润状态,即:

$$S_r \leqslant 50\%,稍湿$$
$$50\% < S_r \leqslant 80\%,很湿$$
$$S_r > 80\%,饱和$$

四、三相比例指标之间的换算关系

在土的三相比例指标中,土的含水量、土的密度和土粒比重三个基本指标是通过试验测定的,其他相应各项指标可以通过土的三相比例关系换算求得。各项指标之间的换算公式见表 1-2。

表 1-2　　　　　　　　　　土的三相比例指标之间的换算公式

名称	符号	三相比例表达式	常用换算式	单位	常见的数值范围
含水率	w	$w = \frac{m_w}{m_s} \times 100\%$	$w = \frac{S_r e}{G_s} = \frac{\rho}{\rho_d} - 1$		$20 \sim 60$
土粒比重	G_s	$G_s = \frac{m_s}{V_s} \cdot \frac{1}{\rho_w} = \frac{\rho_s}{\rho_w}$	$G_s = \frac{S_r e}{w}$		黏土:$2.72 \sim 2.75$ 粉土:$2.70 \sim 2.71$ 砂土:$2.65 \sim 2.69$
密度	ρ	$\rho = \frac{m}{V}$	$\rho = \rho_d(1+w)$ $\rho = \frac{G_s(1+w)}{1+e}\rho_w$	g/cm³	$1.6 \sim 2.2$
重度	γ	$\gamma = \rho g$	$\gamma = \frac{d_s + S_r e}{1+e}\gamma_w$	kN/m³	$16 \sim 22$
干土密度	ρ_d	$\rho_d = \frac{m_s}{V}$	$\rho_d = \frac{\rho}{1+w} = \frac{G_s \rho_w}{1+e}$	g/cm³	$1.3 \sim 1.8$
干土重度	γ_d	$\gamma_d = \rho_d g$	$\gamma_d = \frac{\rho}{1+w}g = \frac{\gamma}{1+w}$	kN/m³	$13 \sim 18$
饱和土密度	ρ_{sat}	$\rho_{sat} = \frac{m_s + V_v \rho_w}{V}$	$\rho_{sat} = \frac{(G_s + e)\rho_w}{1+e}$	g/cm³	$1.8 \sim 2.3$
饱和土重度	γ_{sat}	$\gamma_{sat} = \rho_{sat} g$	$\gamma_{sat} = \frac{G_s + e}{1+e}\gamma_w$	kN/m³	$18 \sim 23$
有效密度	ρ'	$\rho' = \frac{m_s - V_s \rho_w}{V}$	$\rho' = \rho_{sat} - \rho_w$ $\rho' = \frac{(G_s - 1)\rho_w}{1+e}$	g/cm³	$0.8 \sim 1.3$

名称	符号	三相比例表达式	常用换算式	单位	常见的数值范围
孔隙比	e	$e = \dfrac{V_v}{V_s}$	$e = \dfrac{G_s \rho_w}{\rho_d} - 1$ $e = \dfrac{G_s(1+w)\rho_w}{\rho} - 1$		一般黏性土:0.4~1.2 砂土:0.3~0.9
孔隙率	n	$n = \dfrac{V_v}{V} \times 100\%$	$n = \dfrac{e}{1+e} \times 100\%$		一般黏性土:30%~60% 砂土:25%~45%
饱和度	S_r	$S_r = \dfrac{V_w}{V_v} \times 100\%$	$S_r = \dfrac{\omega G_s}{e} = \dfrac{\omega \rho_d}{n \rho_w}$		0~100%

【例 1-1】　某一原装土样,经试验测得基本物理性质指标为:土粒比重 $G_s = 2.67$,含水率 $w = 12.9\%$,密度 $\rho = 1.67 \ \mathrm{g/cm^3}$。求干密度 ρ_d、孔隙比 e、孔隙率 n、饱和密度 ρ_{sat},有效重度 γ' 及饱和度 S_r。

解　直接应用土的三相比例换算公式计算。

(1) 干密度:

$$\rho_d = \frac{\rho}{1+w} = \frac{1.67}{1+0.129} = 1.48 \ (\mathrm{g/cm^3})$$

(2) 孔隙比:

$$e = \frac{G_s(1+w\rho_w)}{\rho} - 1 = \frac{2.67(1+0.129)}{1.67} - 1 = 0.805$$

(3) 孔隙率:

$$n = \frac{e}{1+e} = \frac{0.805}{1+0.805}\% = 44.6\%$$

(4) 饱和密度:

$$\rho_{sat} = \frac{(G_s+e)\rho_w}{1+e} = \frac{2.67+0.805}{1+0.805} = 1.93 \ (\mathrm{g/cm^3})$$

(5) 有效重度:

$$\gamma' = \gamma_{sat} - \gamma_w = (\rho_{sat} - \rho_w)g = (1.93-1) \times 10 = 9.3 \ (\mathrm{kN/m^3})$$

(6) 饱和重度:

$$S_r = \frac{wG_s}{e} = \frac{0.129 \times 2.67}{0.805} = 0.43$$

第五节　无黏性土的密实度

无黏性土一般是指砂土和碎石土,一般这两类土中黏粒含量很少,不具有可塑性,呈单粒结构,它们最主要的物理状态指标是密实度。土的密实度是指单位体积土中固体颗粒的含量。根据土颗粒的含量,天然状态下砂、碎石等处于从密实到松散的不同物理状态。天然

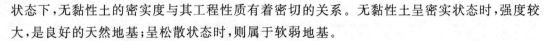

状态下,无黏性土的密实度与其工程性质有着密切的关系。无黏性土呈密实状态时,强度较大,是良好的天然地基;呈松散状态时,则属于软弱地基。

一、砂土的密实度

确定砂土密实度的方法有多种,工程中以孔隙比 e、相对密实度 D_r、标准贯入试验锤击数 N 为标准来划分砂土的密实度。

1. 以孔隙比 e 为标准

用孔隙比 e 来判断砂土的密实度是最简便的方法。孔隙比越小,表示土越密实;孔隙比越大,土越疏松。根据天然孔隙比,可将砂土划分为密实、中密、稍密和松散四种状态。具体划分标准见表 1-3。

表 1-3 砂土的密实度

密实度 土的名称	密实	中密	稍密	松散
砾粒、粗砂、中砂	$e<0.60$	$0.60{\leqslant}e{\leqslant}0.75$	$0.75<e{\leqslant}0.85$	$e>0.85$
细砾、粉砂	$e<0.70$	$0.70{\leqslant}e{\leqslant}0.85$	$0.85<e{\leqslant}0.95$	$e>0.95$

但该方法由于没有考虑到颗粒级配这一重要因素对砂土密实状态的影响,加上从现场取原状砂样存在实际困难,因而测得的砂土的天然孔隙比数值并不可靠。

2. 以相对密实度 D_r 为标准

为了更合理地判断砂土所处的密实状态,可用天然孔隙比 e 与同一种砂土的最疏松状态孔隙比 e_{max} 和最密实状态孔隙比 e_{min} 进行对比,通过观察 e 靠近 e_{max} 还是靠近 e_{min} 来判别密实度,即相对密实度法。

相对密实度可按下式计算:

$$D_r = \frac{e_{max}-e}{e_{max}-e_{min}} \tag{1-16}$$

式中 e_{max}——砂土在最疏松状态时的孔隙比,即最大孔隙比;

e_{min}——砂土在最密实状态时的孔隙比,即最小孔隙比;

e——砂土在天然状态时的孔隙比。

从上式可以看出,当 e 接近于 e_{min} 时,D_r 接近于 1,表明砂土接近于最密实状态;当 e 接近于 e_{max} 时,D_r 接近于 0,表明砂土接近于最疏松状态。根据砂土的相对密实度 D_r,可以将砂土的密实状态划分为以下三种:

$$0<D_r{\leqslant}0.33, 松散的$$
$$0.33<D_r{\leqslant}0.67, 中密的$$
$$0.67<D_r{\leqslant}1, 密实的$$

从理论上讲,相对密实度的理论比较完善,但是测定 e_{max} 和 e_{min} 的试验方法还不够完善,试验结果间常产生很大出入,难以确保数的准确性。而砂土的天然孔隙比同样难以准确测定,这就使得相对密实度的指标难以测定,所以在实际工程中并不普遍使用。

3. 以标准贯入试验锤击数 N 为标准

为了避免采取原状砂样的困难,工程中通常用标准贯入试验锤击数来评价砂土的密实度。标准贯入试验是用规定的锤(质量 63.5 kg)和落距(76 cm)把一标准贯入器(带有刃口的对开管,外径 50 cm,内径 35 cm)打入土中,并记录每一贯入一定深度(30 cm)所需的锤击数 N 的一种原位测试方法。砂土根据标准贯入试验锤击数 N 可分为松散、稍密、中密和密实四种密实度,具体的划分标准见表1-4。

表 1-4　　　　　　　　　　　　　　砂土的密实度

密实度	松散	稍密	中密	密实
标准贯入锤击数 N	$N \leqslant 10$	$10 < N \leqslant 15$	$15 < N \leqslant 30$	$N > 30$

二、碎石土的密实度

对于碎石土,因难以取样试验,为了更加准确地反映碎石土的密实程度,《建筑地基基础设计规范》(GB 50007—2011)规定:对于平均粒径小于等于 50 mm 且最大粒径不超过 100 mm 的卵石、碎石、圆砾、角砾,可采用重型圆锥动力触探锤击数来评价其密实度;对于平均粒径大于 50 mm 或最大的粒径大于 100 mm 的碎石土,应按野外鉴别方法综合判定其密实度。

1. 以重型圆锥动力触探锤击数 $N_{63.5}$ 为标准

重型圆锥动力触探是用质量为 63.5 kg 的落锤以 76 cm 的落距把探头(探头为圆锥头,锥角 60°,锥底直径 7.4 cm)打入碎石土中,记录探头贯入碎石土 10 cm 的锤击数 $N_{63.5}$。根据重型圆锥动力触探锤击数 $N_{63.5}$,可将碎石土划分为松散、稍密、中密和密实四种密实度,具体的划分标准见表1-5。

表 1-5　　　　　　　　　　　　　　碎石土的密实度

密实度	松散	稍密	中密	密实
重型圆锥静力触探锤击数 $N_{63.5}$	$N_{63.5} \leqslant 5$	$5 < N_{63.5} \leqslant 10$	$10 < N_{63.5} \leqslant 20$	$N_{63.5} > 20$

2. 碎石土密实度的野外鉴别

碎石土的密实度可根据野外鉴别方法划分为密实、中密、稍密、松散四种状态,其划分标准见表1-6。

表 1-6　　　　　　　　　　　　　　碎石土密实度野外鉴别方法

密实度	骨架颗粒含量和排列	挖掘情况	可钻探性
密实	骨架颗粒含量大于总含量的 70%,呈交错排列,连续接触	锹镐挖掘困难;用撬棍方能松动;井壁一般较稳定	钻进极困难,冲击钻探时,钻杆、吊锤跳动剧烈;孔壁较稳定
中密	骨架颗粒含量等于总重的 60%～70%,呈交错排列,大部分接触	锹镐可挖掘;井壁有掉块现象,从井壁取出大颗粒处能保持颗粒凹面形状	钻进较困难,冲击钻探时,钻杆、吊锤跳动不剧烈;孔壁有坍塌现象

密实度	骨架颗粒含量和排列	挖掘情况	可钻探性
稍密	骨架颗粒含量等于总重的 55%～60%，排列混乱，大部分不接触	锹可以挖掘，井壁易坍塌，从井壁取出大块颗粒后，砂土立即坍落	钻进较容易；冲击钻探时，钻杆稍有跳动，孔壁易坍塌
松散	骨架颗粒含量小于总重量的 55%，排列十分混乱，绝大部分不接触	锹易挖掘；井壁极易坍塌	钻进很容易；冲击钻探时，钻杆无跳动，孔壁极易坍塌

第六节 黏性土的稠度

黏性土颗粒细小，比表面积大，受水的影响较大。当土中含水率较小时，土体比较坚硬，处在固体或半固体状态。当含水率逐渐增大时，土体具有可塑状态的性质，即在外力作用下，土可以塑造成一定形状而不开裂，也不改变其体积，外力去除后，仍保持原来所得的形状。含水率继续增大，土体即开始流动。我们把黏性土在某一含水率下对外力引起的变形或破坏所具有的抵抗能力叫作黏性土的稠度。

一、黏性土的界限含水率

黏性土是一种细颗粒土，颗粒粒径极细，所含黏土矿物成分较多，土粒表面与水相互作用的能力较强，故黏性土的含水率对土所处的状态影响很大。黏性土由于其含水率不同，可分别处于流动状态、可塑状态、半固态及固态。含水率很大时，土粒与水混合成泥浆，是一种黏滞流动的液体，称为流动状态。含水率逐渐减小，黏滞流动的特征逐渐消失而呈现一种可塑状态，当黏性土在某含水率范围内时，可用外力塑成任何形状而不发生裂纹，且当外力去除后仍能保持其既得形状，土的这种性能叫作可塑性。含水率继续减小，土体的体积随着含水率的减小而减小，土的可塑性逐渐消失，从可塑状态转变为不可塑的半固态。当含水率继续减小到某一界限时，土体体积不再随含水率减小而变化，这种状态称为固态。

黏性土由一种状态转到另一种状态的分界含水率称为界限含水率，它对黏性土的分类及工程性质的评价有着重要意义，如图 1-7 所示。土从流动状态转到可塑状态的界限含水率称为液限（即可塑状态的上限含水率），用符号 w_L 表示；土从可塑状态转到半固态的界限含水率称为塑限（即可塑状态的下限含水率），用符号 w_P 表示；土从半固态转到固态的界限含水率称为缩限（即黏性土随着含水率的减小，体积不再减小时的含水率），用符号 w_s 表示。界限含水率都以百分数表示。

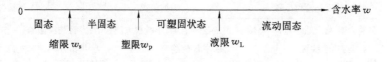

图 1-7 黏性土的界限含水率

我国采用锥式液限仪（图 1-8）来测定黏性土的液限。它是将调成均匀的浓糊状试样装满盛土杯，刮平杯口表面。手持液限仪顶部的手柄，将 76 g 重的圆锥体（含有平衡球，锥角

30°)的锥尖放在试样表面的中心,松手,让它在自重作用下徐徐沉入土中,若圆锥体经过 5 s 恰好沉入土中深度为 10 mm,则该试样的含水率即液限 w_L 值。

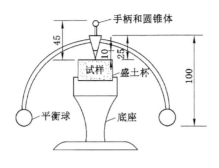

图 1-8 锥式液限仪

美国、日本等国家采用碟式液限仪(图 1-9)来测定黏性土的液限。它是将调成浓糊状的试样铺入铜碟前半部,刮平表面,试样厚度为 10 mm,用特制开槽器由上至下将试样划开,形成 V 形槽,槽底宽度为 2 mm,然后将碟子抬高 10 mm,使碟自由下落,坠击底座,连续下落 25 次后,如土槽合拢长度为 13 mm,该试样的含水率就是液限。一般情况下碟式液限仪测得的液限大于锥式液限仪测得的液限。

图 1-9 碟式液限仪

黏性土的塑限 w_p 采用搓条法测定。用双手将土样先捏成小圆球,再在毛玻璃上用手掌慢慢滚搓成小土条,若土条搓到直径为 3 mm 时恰好开始断裂,这时断裂土条的含水率就是塑限值。搓条法的人为因素影响较大,因此,一般测得的结果误差较大。

液、塑限的测定方法也可采用联合测定法,主要仪器为液塑限联合测定仪(图 1-10)。试验时取代表性试样,加不同数量的纯水,调成三种不同稠度的试样,用电磁落锥法分别测定圆锥在自重下沉入试样 5 s 时的下沉深度。在双对数坐标纸上画出圆锥体的下沉深度与含水率的关系曲线(图 1-11)三点应在同一直线上,如图 1-11 中 1 线所示。当三点不在同一直线上时,通过高含水率的一点与其余两点连成两条直线,画其平均值连线,如图 1-11 中 2 线所示。在含水率与圆锥下沉深度的关系曲线上查得下沉深度为 17 mm 时所对应的含水率为液限,查得下沉深度为 10 mm 时所对应的含水率为 10 mm 液限,查得下沉深度为 2 mm 时所对应的含水率为塑限,取值以百分数表示。

二、黏性土的塑性指数和液性指数

1. 塑性指数

塑性指数是指液限和塑限的差值,用符号 I_p 表示,计算时不带"%"符号,即:

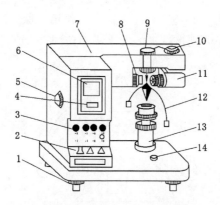

图 1-10　光电式液、塑限联合测定仪结构示意图

1——水平调节螺丝;2——控制开关;3——指示灯;4——零线调节螺丝;5——反光镜调节螺丝;6——屏幕;

7——机壳;8——物镜调节螺丝;9——电磁装置;10——光源调节螺丝;11——光源装置;12——圆锥仪;

13——升降台;14——水平泡

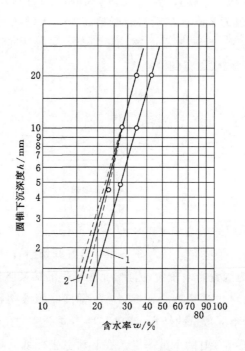

图 1-11　圆锥下沉深度与含水率关系图

$$I_p = w_L - w_p \qquad (1-17)$$

塑性指数表示土处在可塑状态的含水率变化范围,其值大小取决于土颗粒吸附结合水的能力,在一定程度上反映了土中黏粒的含量。黏粒含量越多,则土的比表面积越大,结合水含量越高,因而土处在可塑状态的含水率变化范围越大,塑性指数越大。塑性指数是描述黏性土物理状态的重要指标之一,工程上常根据塑性指数对黏性土进行分类,按塑性指数可将黏性土分为粉质黏土和黏土,具体的分类标准见表 1-7。

表 1-7 黏性土的分类

塑性指数 I_p	土的名称
$I_p > 17$	黏土
$10 < I_p \leqslant 17$	粉质黏土

注:塑性指数由相应于 76 g 圆锥体沉入土样中深度为 10 mm 时测定的液限计算而得。

2. 液性指数

液性指数是指黏性土的天然含水率和塑限的差值与塑性指数之比,用符号 I_L 表示,即:

$$I_L = \frac{w - w_p}{w_L - w_p} = \frac{w - w_p}{I_p} \tag{1-18}$$

液性指数一般用小数表示。由上式可见,当土的天然含水率 $w < w_p$ 时,$I_L < 0$,天然土处于坚硬状态;当 $w > w_L$ 时,$I_L > 1$,天然土处于流动状态;当 w 在 w_p 与 w_L 之间时,I_L 在 0～1 之间,则天然土处于可塑状态。因此,可以根据液性指数 I_L 来判断黏性土的软硬状态。I_L 值越大,土质越软;I_L 值越小,土质越坚硬。《建筑地基基础设计规范》(GB 50007—2011)根据液性指数的大小,将黏性土划分为坚硬、硬塑、可塑、软塑和流塑五种软硬状态,具体划分标准见表 1-8。

表 1-8 黏性土的状态

状态	坚硬	硬塑	可塑	软塑	流塑
液性指数 I_L	$I_L \leqslant 0$	$0 < I_L \leqslant 0.25$	$0.25 < I_L \leqslant 0.75$	$0.75 < I_L \leqslant 1$	$I_L > 1$

注:当用静力触探探头阻力或标贯入试验锤击数评定黏性土的状态时,可根据当地经验确定。

三、黏性土的灵敏度和触变性

天然状态下的黏性土通常都具有一定的结构性,当土体受到外力扰动作用,其结构遭受破坏时,土的强度就会降低、压缩性增大,土的这种结构性对强度的影响用灵敏度来衡量。黏性土的灵敏度是以天然结构的原状土的无侧限抗压强度与该土经重塑(土的结构性彻底破坏)后的无侧限抗压强度之比来表示,即:

$$S_t = \frac{q_u}{q'_u} \tag{1-19}$$

式中　q_u——原状试样的无侧限抗压强度,kPa;

　　　q'_u——与原状试样具有相同尺寸、密度和含水率的重塑试样的无侧限抗压强度,kPa。

灵敏度的概念主要是针对饱和以及近饱和的黏性土而言的,根据灵敏度可将饱和黏性土分为低灵敏($1 < S_t \leqslant 2$)、中灵敏($2 < S_t \leqslant 4$)和高灵敏($S_t > 4$)三类。土的灵敏度越高,其结构性越强,受扰动后土的强度降低就越多。因此,在基础工程施工中必须注意保护基槽,尽量减少对土结构的扰动。

饱和黏性土的结构受到扰动导致强度降低,但当扰动停止后,土的强度又随时间而逐渐部分恢复,这是由于土粒、离子和水分子体系随时间而逐渐趋于新的平衡状态,土的这种性质称为触变性。例如，在饱和黏性土中打桩时，桩周围土的结构受到破坏，强度降低，但当打桩停止后，土的强度可随时间部分恢复。因此，在打桩时要"一气呵成"，这样才能进展顺利，提高工效。相反，从成桩完毕到开始试桩则应给土一定的强度恢复时间，使桩的承载力逐渐增加。这就是利用了土的触变性。

第七节　土的压实原理

一、研究土击实性的意义

用土作为填筑材料，如修筑道路、堤坝、机场跑道、运动场、建筑物地基及基础回填等，工程中经常遇到填土压实的问题。经过搬运，未经压实的填土原状结构已被破坏，孔隙、空洞较多，土质不均匀，压缩量大，强度低，抗水性能差。为改善填土的工程性质，提高土的强度，降低土的压缩性和渗透性，必须按一定的标准，采用重锤夯实、机械碾压或振动等方法将土压实到一定标准，以达到工程的质量标准。

实践证明，对过湿的土进行夯实或碾压会出现软弹现象（俗称橡皮土），此时土的密度是不会增大的；对很干的土进行夯实或碾压，也不能将土充分压实。所以，要使土的压实效果最好，含水率一定要适宜。在一定的击实能量作用下使土最容易压实，并能达到最大密度时的含水率，称为土的最优含水率，用 w_{op} 表示。相应的干密度称为最大干密度，用 ρ_{dmax} 表示。

室内击实试验方法大致过程是把某一含水率的试样分三层放入击实筒内，每放一层用击实锤打击至一定击数，对每一层土所做的击实功为锤体重量、锤体落距和击打次数三者的乘积，将土层分层击实至满筒后（试验时，使击实土稍超出筒高，然后将多余部分削去），测定击实后土的含水率和湿密度，算出干密度。用同样的方法将五个以上的不同含水率的土样击实，每一土样均可得到击实后的含水率与干密度。以含水率为横坐标、干密度为纵坐标绘出这些数据点，连接各点绘出的曲线即为能反映土体击实特性的曲线，称为击实曲线。

二、黏性土的击实特性

用黏性土的击实数据绘出的击实曲线如图 1-12 所示。由图可知，当含水率较低时，随着含水率的增加，土的干密度也逐渐增大，表明压实效果逐步提高；当含水率超过某一限量 w_{op} 时，干密度则随着含水率增大而减小，即压密效果下降。这说明土的压实效果随着含水率而变化，并在击实曲线上出现一个峰值，相应于这个峰值的含水率就是最优含水率。

黏性土的击实机理为：当含水率较小时，土中水主要是强结合水，土粒周围的水膜很薄，颗粒间具有很大的分子引力，阻止颗粒移动，受到外力作用时不易改变原来位置，因此压实就比较困难；当含水率适当增大时，土中结合水膜变厚，土粒间的连接力减弱而使土粒易于移动，压实效果就变好；但当含水率继续增大时，土中水膜变厚，以致土中出现了自由水，击实时由于土样受力时间较短，孔隙中过多的水分不易立即排出，势必阻止土粒的靠拢，所以击实效果反而下降。

通过大量试验人们发现，黏性土的最优含水率 w_{op} 与土的塑限很接近，大约是 $w_{op}=w_p+2\%$。因此，当土中所含黏土矿物越多、颗粒越细时最优含水率越大。最优含水率还与击实功的大小有关。对同一种土，如用人力夯实或轻量级的机械压实，因为能量较小，要求土粒间有更多的水分使其润滑,因此最优含水率较大而得到的最大干密度较小,如图 1-13 中曲线 3 所示。当用机械夯实或用重量级的机械压实时,压实能量大,得出的击实曲线如图 1-13 中的曲线 1 和 2 所示。所以当土体压实程度不足时,可以加大击实功,以达到所要求的密度。

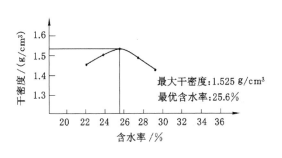

图 1-12　黏性上的击实曲线

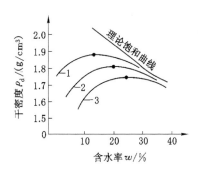

图 1-13　击实功对击实曲线的影响

正如前文所述,土粒级配对压密效果影响很大,均匀颗粒的土不如不均匀土易压密。图 1-13 中还给出了理论饱和曲线,它表示当土处于饱和状态时,含水率与干密度的关系。击实试验不可能将土击实到完全饱和状态,击实过程只能将与大气相通的气体排出去,而封闭气体无法排出,仅能产生部分压缩。试验证明,黏性土在最优含水率时,压实到最大干密度,其饱和度一般为 0.8 左右。因此,击实曲线位于饱和曲线的左下方,而不会相交。

三、无黏性土的击实特性

相对于黏性土来说,无黏性土具有下列一些特性:颗粒较粗,颗粒之间没有或只有很小的黏聚力,不具有可塑性,多成单粒结构,压缩性小,透水性高,抗剪强度较大且含水率的变化对它的性质影响不显著。因此,无黏性土的击实特性与黏性土相比有显著差异。

用无黏性土的击实试验数据绘出的击实曲线如图 1-14 所示。由图可以看出,在风干和饱和状态下,击实都能得出较好的效果。其机理是在这两种状态时不存在假黏聚力;在这两种状态之间时,受假黏聚力的影响,击实效果较差。

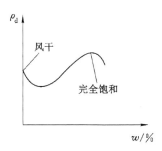

图 1-14　无黏性土的击实曲线

工程实践证明,对于无黏性土的压实,应该有一定静荷载与动荷载联合作用,这样才能达到较好的压实度。所以,对于不同性质的无黏性土,振动碾是最为理想的压实工具。

第八节　地基土(岩)的工程分类

一、岩石

岩石是指颗粒间牢固联结,呈整体或具有节理裂隙的岩体。如需作为建筑物地基,除应确定岩石的地质名称外,还应划分其坚硬程度和完整程度。

1. 岩石的坚硬程度

岩石的坚硬程度可根据岩块的饱和单轴抗压强度标准值 f_{rk} 分为坚硬岩、较硬岩、较软岩、软岩和极软岩,具体的划分标准见表 1-9。当缺乏饱和单轴抗压强度资料或不能进行该项试验时,可在现场通过观察进行定性划分,划分标准见表 1-10。

岩石的风化程度可分为未风化、微风化、中风化、强风化和全风化。

表 1-9　　　　　　　　　　岩石坚硬程度的划分

坚硬程度类别	坚硬岩	较硬岩	较软岩	软岩	极软岩
饱和单轴抗压强度标准值/MPa	$f_{rk}>60$	$30<f_{rk}\leqslant60$	$15<f_{rk}\leqslant30$	$5<f_{rk}\leqslant15$	$f_{rk}\leqslant5$

表 1-10　　　　　　　　　　岩石坚硬程度的定性划分

名称		定性鉴定	代表性岩石
硬质岩	坚硬岩	锤击声清脆,有回弹,震手,难击碎;基本无吸水反应	未风化到微风化的花岗岩、闪长岩、辉绿岩、玄武岩、安山岩、片麻岩、石英岩、硅质砾岩、石英砂岩、硅质石灰岩等
	较硬岩	锤击声较清脆,有轻微回弹,稍震手,较难击碎;有轻微吸水反应	① 中风化的坚硬岩和较硬岩; ② 未风化至微风化的大理石、石灰岩、硅质砾岩等
软质岩	较软岩	锤击声不清脆,无回弹,较易击碎;指甲可刻出印痕	① 中风化的坚硬岩和较硬岩; ② 未风化至微风化的凝灰岩、千枚岩、砂质泥岩、泥质灰岩等
	软岩	锤击声哑,无回弹,有凹痕,易击碎;浸水后可捏成团	① 强风化的坚硬岩和较硬岩; ② 中风化的较软岩; ③ 未风化至微风化的砂质砾岩、泥岩等
	极软岩	锤击声哑,无回弹,有凹痕,手可捏碎;浸水后可捏成团	① 风化的软岩; ② 全风化的各种岩石; ③ 各种半成岩

2. 岩石的完整程度

岩石的完整程度按完整性能指数可划分为完整、较完整、破碎和极破碎。具体的划分标准见表 1-11。当缺乏试验数据时,可按表 1-12 划分岩石的完整程度。

表 1-11   岩石完整程度的划分标准

完整程度	完整	较完整	较破碎	破碎	极破碎
完整性指数	＞0.75	0.55～0.75	0.35～0.55	0.15～0.35	＜0.15

注:完整性指数为岩体纵波波速与岩块纵波波速之比的平方,测定波速时选定的岩体、岩块应有代表性。

表 1-12   岩石完整程度的划分

名称	结构面组数	控制性结构面平均间距/m	代表性结构类型
完整	1～2	＞1.0	整体结构
较完整	2～3	0.4～1.0	块状结构
较破碎	＞3	0.2～0.4	镶嵌结构
破碎	＞3	＜0.2	碎裂结构
极破碎	无序	—	散体结构

二、碎石土

碎石土是指粒径大于 2 mm 的颗粒含量超过全重 50％的土。碎石土根据粒组含量及颗粒形状分为漂石、块石、卵石、碎石、圆砾和角砾,具体的分类标准见表 1-13。

表 1-13   碎石土的分类

名称	颗粒形状	粒组含量
漂石/块石	圆形及亚圆形为主/棱角形为主	粒径大于 200 mm 的颗粒含量超过全重 50％
卵石/碎石	圆形及亚圆形为主/棱角形为主	粒径大于 20 mm 的颗粒含量超过全重 50％
圆砾/角砾	圆形及亚圆形为主/棱角形为主	粒径大于 2 mm 的颗粒含量超过全重 50％

三、砂土

砂土是指粒径大于 2 mm 的颗粒含量不超过全重 50％、粒径大于 0.075 mm 的颗粒含量超过全重 50％的土。砂土根据粒组含量分为砾砂、粗砂、中砂、细砂和粉砂,具体的分类标准见表 1-14。

表 1-14   砂土的分类

名称	粒组含量
砾砂	粒径大于 2 mm 的颗粒含量占全重 25％～50％
粗砂	粒径大于 0.5 mm 的颗粒含量超过全重 50％
中砂	粒径大于 0.25 mm 的颗粒含量超过全重 50％
细砂	粒径大于 0.075 mm 的颗粒含量超过全重 85％
粉砂	粒径大于 0.075 mm 的颗粒含量超过全重 50％

注:分类时应根据粒组含量栏从上到下,以最先符合者确定土样名称。

四、粉土

粉土是指粒径大于 0.075 mm 的颗粒含量不超过全重的 50%,且塑性指数小于或等于 10 的土,其性质介于黏性土与砂土之间。一般根据地区规范(如上海、天津等),由黏粒含量的多少可将粉土划分为砂质粉土和黏质粉土,具体的分类标准见表 1-15。

表 1-15   粉土的分类

名称	粒组含量
砂质粉土	粒径小于 0.005 mm 的颗粒含量小于等于全重 10%
黏质粉土	粒径小于 0.005 mm 的颗粒含量超过全重 10%

五、黏性土

黏性土是指塑性指数 I_p 大于 10 的土。根据塑性指数可将黏性土分为黏土($I_p>17$)和粉质黏土($10<I_p\leqslant17$)。

由于土的沉积年代对土的工程性质影响很大,不同沉积年代的黏性土尽管其物理性质指标可能很接近,但其工程性质可能相差很大,因而根据土的沉积年代又可将黏性土分为老黏性土、一般黏性土和新近沉积的黏性土。老黏性土是指第四纪晚更新世(Q_3)及其以前沉积的黏性土,距今大约 15 万年,沉积年代久,工程性质较好,一般具有较高的强度和较低的压缩性,但也有一些地区的老黏性土强度低于一般的黏性土,因而在使用时应该根据当地实践经验确定;一般黏性土是指第四纪全新世(Q_4)沉积的黏性土,在工程中最常见,其力学性质在各类土中属于中等;新近沉积的黏性土是指第四纪全新世文化期以来新近沉积的黏性土,沉积年代较短,结构性差,一般都为欠固结土,强度低,压缩性大。

六、人工填土

人工填土是指由于人类活动而形成的堆积物,其物质成分较杂乱,均匀性较差。人工填土根据其组成和成因,可分为素填土、压实填土、杂填土和冲填土。

(1)素填土指的是由碎石土、砂土、粉土、黏性土等组成的填土,其中不含杂质或含杂质很少,按其主要组成物质分为碎石素填土、砂性素填土、粉性素填土以及黏性素填土。

(2)压实填土指经过压实或夯实的素填土。

(3)杂填土为含有建筑垃圾、工业废料、生活垃圾等杂物的填土。

(4)冲填土为由水力冲填泥砂形成的填土。

除了上述六种土之外,还有一些特殊的土,如淤泥、淤泥质土、红黏土、次生红黏土、膨胀土、湿陷性黄土、冻土等。

【例 1-2】 某土样的颗粒分析见表 1-16,试确定该土样的名称。

表 1-16   某土样的颗粒分析表

筛孔直径/mm	20	10	2	0.5	0.25	0.1	底盘	总计
留筛土重/g	176	198	338	592	708	652	170	2 834
占全部土重的百分比/%	6	7	12	21	25	23	6	100
大于某筛孔径的土重百分比/%	6	13	25	46	71	94	—	—
小于某筛孔径的土重百分比/%	94	87	75	54	29	6	—	—

解　由表 1-16 中的颗粒分析资料可以看出:大于 20 mm 的占 6%;大于 10 mm 的占 13%;大于 2 mm 的占 25%;大于 0.5 mm 的占 46%;大于 0.25 mm 的占 71%;大于 0.1 mm 的占 94%。对照表 1-13 和表 1-14,以粒径分组由大到小,以最先符合者确定名称。本题大于 20 mm 的占 6%,小于 50%,不是卵石或碎石;大于 2% 的占 25%,小于 50%,不是圆砾或角砾;符合粒径大于 2 mm 的颗粒占全重的 25%~50%,所以该土定名为砾砂。

拓 展 练 习

1. 简要说明土的几种主要成因类型。土中的三相比例变化时,对土的性质有影响吗?

2. 如何用土的颗粒级配曲线和不均匀系数来判断土的级配状况?

3. 土中有哪几种形式的水? 各种水对土的工程特性有何影响?

4. 土的物理性质指标有哪些? 其中哪几个可以直接测定? 常用测定方法是什么?

5. 土的密度 ρ 与土的重度 γ 的物理意义和单位有何区别? 说明天然重度 γ 饱和重度 r_{sat}、有效重度 r' 和干重度 r_d 之间的相互关系,并比较其数值的大小。

6. 判别无黏性土密实度的指标有哪几种?

7. 什么是黏性土的稠度界限? 常用的稠度界限有哪些?

8. 某土体试样体积 60 cm³,质量 114 g,烘干后质量为 92 g,土粒相对密度 $G_s = 2.67$。确定该土样的天然密度、干密度、饱和密度、浮重度、含水率、孔隙比、孔隙率和饱和度。

9. 已知某地基土试样有关数据如下:天然重度为 18.4 kN/m³,干重度为 13.2 kN/m³;液限试验,取湿土 14.5 kg,烘干后质量为 10.3 kg;搓条试验,去湿土条 5.2 kg,烘干后质量为 1.4 kg。求:(1) 土的天然含水率、塑性指数和液性指数;(2) 土的名称和状态。

10. 某地基为砂土,密度 1.8 g/cm³,含水率为 21%,土粒相对密度为 2.66,最小干密度为 1.28 g/cm³,最大干密度为 1.72 g/cm³,判断土的密实度。

第二章 土中应力计算

【学习目标】 熟悉并掌握土中应力的基本形式及基本定义;熟悉掌握土中各种应力在不同条件下的计算方法;熟知附加应力在土中的分布规律;了解非均匀地基中附加应力的变化规律及修正方法。

第一节 土中应力类型

为了对建筑地基进行稳定性分析和沉降(变形)计算,首先必须了解和计算在建筑物修建前后土体中的应力。

在实际工程中,地基土中应力包括:① 由土体自重引起的自重应力;② 由建筑物荷载在地基土体中引起的附加应力;③ 水在孔隙中流动产生的渗透应力;④ 由于地震作用在土体中引起的地震应力或其他振动荷载作用在土体中引起的振动应力等。

地基土中应力计算通常采用经典的弹性力学方法求解,即假定地基是均匀、连续、各向同性的半无限空间线性弹性体。这样的假定与土的实际情况不太相符,实际地基土体往往是层状、非均质、各向异性的弹塑性材料。但在通常情况下,尤其在中、小应力条件下,弹性理论计算结果与实际较为接近,且计算方法较简单,能够满足一般工程设计的要求。

第二节 土中自重应力

一、竖向自重应力

土层自重应力是指由土体重力引起的应力。自重应力一般从土体形成就在土中产生,它与是否修建建筑物无关。

假设天然地基为一无限大的均质同性半无限体,各土层分界面为水平面。于是,在自重力作用下只能产生竖向变形,而无侧向位移及剪切变形存在。因此,地基中任意深度 z 处的竖向自重应力就等于单位面积上的土柱自重(图 2-1)。

对于均匀土(土的重度 γ 为常数),在地表以下深度 z 处的竖向自重应力为:

$$\sigma_{cz} = \frac{\gamma z A}{A} = \gamma z \tag{2-1}$$

所以,均质土层中的自重应力随深度线性增加,呈三角形分布。

二、水平自重应力

地基中除了存在作用于水平面上的竖向自重应力 σ_{cz} 外,还存在作用于竖直面上的水平

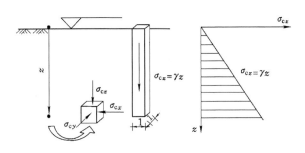

图 2-1　均质土的自重应力

向应力 σ_{cx} 和 σ_{cy}。根据弹性理论和土体侧限条件,可知土中任意深度 z 处的水平自重应力 σ_{cx} 和 σ_{cy} 为:

$$\sigma_{cx} = \sigma_{cy} = K_0 \sigma_{cz} \qquad (2\text{-}2)$$

式中　　σ_{cx}、σ_{cy}——x、y 方向的水平自重应力;

　　　　K_0——土的侧压力系数,也称土的静力影响系数,通常通过试验测定,一般取 $K_0 = 0.33\sim0.72$。

上式表明土体水平自重应力与竖向自重应力成正比。

三、不透水层的影响

在地下水位以下如果存在不透水层,如基岩或只含结合水的坚硬黏土层,由于不透水层中不存在水的浮力,作用在不透水层及层面以下的土的自重应力应等于上覆土和水的总重。

四、地下水自重应力的影响

处于地下水位以下的土,由于受到水的浮力作用,土的重度减轻,计算时采用土的有效重度 $\gamma' = \gamma_{sat} - \gamma_w$。

地下水位的变化会引起土中自重应力的变化,如图 2-2 所示。当水位下降时,原水位以下自重应力增加;当水位上升时,对设有地下室的建筑或地下建筑工程地基的防潮不利。

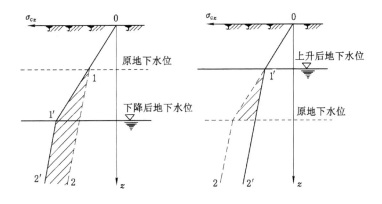

图 2-2　地下水位升降对自重应力的影响

一般情况下,天然地基往往由若干层土组成,则 z 处的竖向自重应力为各层土竖向自重应力之和,即:

$$\sigma_{cz} = \gamma_1 h_1 + \gamma_2 h_2 + \cdots + \gamma_n h_n = \sum_{i=1}^{n} \gamma_i h_i \qquad (2\text{-}3)$$

式中　n——从天然地面到深度 z 处的土层数;

　　　γ_i——第 i 层土的重度(kN/m^3),地下水位线以上的土层一般取天然重度,地下水位线以下的土层取有效重度;

　　　h_i——第 i 层土的厚度。

由式(2-3)可知,成层土的竖向自重应力沿深度呈折线分布,转折点位于 γ 值发生变化的土层界面上,如图 2-3 所示。

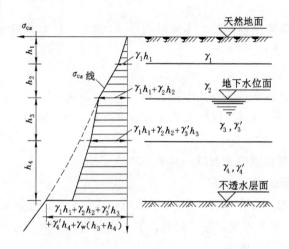

图 2-3　成层土中竖向自重应力沿深度的分布

【例 2-1】　某地基土层剖面如图 2-4 所示,试计算各土层自重应力。

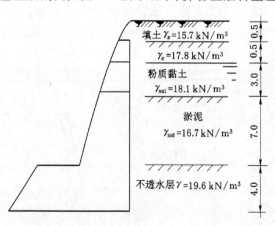

图 2-4　例 2-1 图

解　填土底层:　　　　$\sigma_{cz} = \gamma_1 h_1 = 15.7 \times 0.5 = 7.85$（kPa）

地下水位处:　$\sigma_{cz} = \gamma_1 h_1 + \gamma_2 h_2 = 7.85 + 17.8 \times 0.5 = 16.75$（kPa）

粉质黏土底层:　$\sigma_{cz} = \gamma_1 h_1 + \gamma_2 h_2 + \gamma'_3 h_3 = 16.75 + (18.1 - 10) \times 3 = 41.05$（kPa）

淤泥底层：$\sigma_{cz}=\gamma_1 h_1+\gamma_2 h_2+\gamma'_3 h_3+\gamma'_4 h_4=41.05+(16.7-10)\times 7=87.95$（kPa）

不透水底层：$\sigma_{cz}=\gamma_1 h_1+\gamma_2 h_2+\gamma'_3 h_3+\gamma'_4 h_4+\gamma_w(h_3+h_4)+\gamma_5 h_5$

$=87.95+10\times(7+30+19.6)\times 4=266.35$（kPa）

第三节　基底压力的计算

一、基底压力的分布

基底压力是指上部结构荷载和基础自重通过基础传递给地基、作用于基础底面并传至地基的单位面积压力，又称接触压力或基底应力。基底反力是地基土层反向施加于基础底面上的压力。通常基底压力与基础的大小以及作用于基础上的荷载有关，用材料力学的公式进行简化计算。基底压力与基底反力是一对作用力与反作用力，它们大小相等、方向相反、作用在一条直线上。下面分析的基底压力分布与计算可用基底反力分布与计算来代替。

影响基底压力的分布和大小的因素有基础（大小、刚度）、荷载（大小、分布）、地基土性质、基础的埋深等。

（1）对于刚性很小的基础和柔性基础，其基底压力大小及分布状况与作用在基础上的荷载大小及分布状况相同。因为刚度很小，在垂直荷载作用下几乎无抗弯能力，而随地基一起变形，如图 2-5 所示。

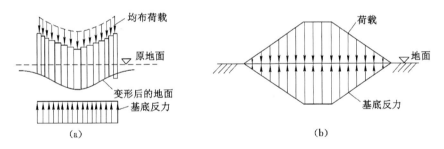

图 2-5　柔性基础基底反力的分布

（2）对于刚性基础，其基底压力分布将随上部荷载的大小、基础的埋置深度和土的性质而变化。

从图 2-6 中可以看出，砂土地基表面上的条形刚性基础，由于受到中心荷载作用，基底压力分布呈抛物线，随着荷载增加，基底压力分布的抛物线的曲率增大，如图 2-6（a）所示。黏性土表面上的条形基础，其基底压力分布呈中间小、边缘大的马鞍形；随荷载增加，基底压力分布变化呈中间大、边缘小的形状，如图 2-6（b）所示。

根据经验，在基础的宽度不太大而荷载较小的情况下，基底压力分布近似地按直线变化的假定所引起的误差是允许的，也是工程中经常采用的简化计算方法。

二、中心荷载作用下的基底压力

假定基底压力均匀分布，如图 2-7 所示，公式为：

$$p=\frac{F+G}{A} \tag{2-4}$$

式中　p——基底平均压力,kPa。

　　　　F——上部结构传至基础上的竖向力设计值,kN。

　　　　G——基础及回填土的自重设计值,$G = \gamma_G A d$,kN,其中,γ_G 为平均重度,一般取 20 kN/m^3;d 为基础埋深,必须从设计地面或室内外平均设计地面算起,m。

　　　　A——基础面积,m^2。

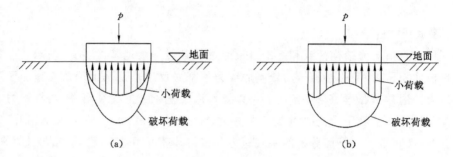

图 2-6　刚性基础基底压力分布

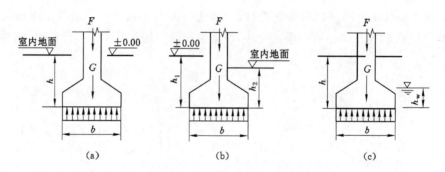

图 2-7　中心荷载作用下的基底压力计算图

（a）内墙；（b）外墙；（c）有地下水

　　如果基础长度大于宽度 10 倍,可将基础视为条形基础,则沿长度方向截取一单位长度进行基底压力 p 的计算,此时式(2-4)中的 A 取基础宽度 b,而 F 和 G 则为单位长度基础内的相应值,单位为 kN/m。

三、偏心荷载下的基底压力

　　在单向偏心荷载作用下,设计时通常将基础长边定为偏心方向(图 2-8),此时基础边缘压力按下式计算:

$$\left.\begin{array}{c} p_{\max} \\ p_{\min} \end{array}\right\} = \frac{F+G}{bl} \pm \frac{M}{W} = \frac{F+G}{bl}\left(1 \pm \frac{6e}{l}\right) \qquad (2\text{-}5)$$

式中　$p_{\max}$、$p_{\min}$——基底边缘最大、最小压力,kPa;

　　　　M——作用在基底形心上的力矩,kN·m;

　　　　W——基础底面的抵抗矩,$W = \dfrac{bl^2}{6}$,m^3;

　　　　e——偏心距,是基底形心处力矩总和与竖向力总和的比值,$e = \dfrac{M}{F+G}$,m。

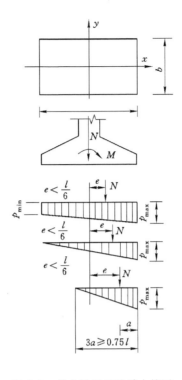

图 2-8 偏心受压基础受力简图

由式(2-5)可见：

① 当 $e=0$ 时，$p_{max}=p_{min}$，基底压力均匀分布。

② 当 $0<e<\dfrac{l}{6}$ 时，$p_{max}>p_{min}$，基底压力呈梯形分布。

③ 当 $e=\dfrac{l}{6}$ 时，$p_{min}=0$，基底压力呈三角形分布。

④ 当 $e>\dfrac{l}{6}$，$p_{min}=0$，基底出现拉应力。

由于基底与地基之间不承受拉力，当基底与地基局部脱开，使承受压力的基底面积减小，使基底压力重新分布，根据受力平衡条件可求得基底的最大压力为：

$$p_{max}=\frac{2(F+G)}{3bk} \tag{2-6}$$

式中，$k=\left(\dfrac{l}{2}-e\right)$。

【例 2-2】 已知基底 $l=5$ m，$b=2$ m，基底中心处的偏心力矩 $M=150$ kN·m，竖向合力为 $F+G=500$ kN，求基底压力。

解
$$e=\frac{150}{500}=0.3\ (m)$$

$$\frac{p_{max}}{p_{min}}=\frac{F+G}{bl}\left(1\pm\frac{6e}{l}\right)=\frac{500}{5\times2}\left(1\pm\frac{6\times0.3}{5}\right)=50(1\pm0.36)=\frac{68\ (kPa)}{32\ (kPa)}$$

四、基底附加压力

一般天然土层在自重应力作用下的变形早已稳定。基坑开挖后的基底压力应扣除原先存在土的自重应力,才是基底新增加的压力,即基底附加压力,用 p_0 表示:

$$p_0 = p - \sigma_{cz} \tag{2-7}$$

式中　p_0——基底附加压力,kPa;

　　　p——基底压力,kPa;

　　　σ_{cz}——基底处土的自重应力,kPa。

高层建筑设计时常采用箱形基础或地下室,这样可以使设计基础结构的自身重力小于挖去的土重力,可减少基底附加压力,从而减少沉降,这在工程上称为补偿设计。

第四节　土中附加应力

一、竖向集中荷载作用下土中附加应力的计算

在外荷载的作用下,地基中各点均会产生应力,称为附加应力。它是引起地基变形与破坏的主要因素。目前采用的附加应力计算方法是根据弹性理论推导的。假定地基土是各向同性的、均质的线性变形体,而且在深度和水平方向上都是无限延伸的。本节首先讨论在竖向集中荷载作用下地基附加应力的计算,然后应用竖向集中力的解答,通过积分的方法得到矩形均布荷载下土中应力的计算公式。

当半极限弹性体表面上作用着竖向集中力 p 时,弹性体内部任意点 $M(x,y,z)$ 的 6 个应力分量分别为 $\sigma_x,\sigma_y,\sigma_z,\tau_{xy},\tau_{yz},\tau_{zx}$,如图 2-9 所示,由布辛涅斯克弹性理论,解得各应力分量的表达式为:

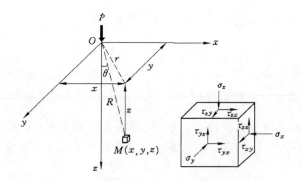

图 2-9　竖向集中力作用下的附加应力

$$\sigma_z = \frac{3p}{2\pi} \cdot \frac{z^3}{R^5} \tag{2-8a}$$

$$\sigma_y = \frac{3p}{2\pi}\left\{\frac{y^2 z}{R^5} + \frac{1-2\mu}{3}\left[\frac{1}{R(R+Z)} - \frac{(2R+z)y^2}{(R+z)^2 R^3} - \frac{z}{R^3}\right]\right\} \tag{2-8b}$$

$$\sigma_x = \frac{3p}{2\pi}\left\{\frac{x^2 z}{R^5} + \frac{1-2\mu}{3}\left[\frac{1}{R(R+Z)} - \frac{(2R+z)x^2}{(R+z)^2 R^3} - \frac{z}{R^3}\right]\right\} \tag{2-8c}$$

$$\tau_{xy} = \frac{3p}{2\pi}\left[\frac{xyz}{R^5} + \frac{1-2\mu}{3}\cdot\frac{(2R+z)xy}{(R+z)^2R^3}\right] \tag{2-8d}$$

$$\tau_{yz} = \frac{3p}{2\pi}\cdot\frac{yz^2}{R^5} \tag{2-8e}$$

$$\tau_{zx} = \frac{3p}{2\pi}\cdot\frac{xz^2}{R^5} \tag{2-8f}$$

$$u = \frac{p(1+\mu)}{2\pi E}\left[\frac{xz}{R^3} - (1-2\mu)\frac{x}{(R+z)R}\right] \tag{2-8g}$$

$$v = \frac{p(1+\mu)}{2\pi E}\left[\frac{z^2}{R^3} - (1-2\mu)\frac{y}{(R+z)R}\right] \tag{2-8h}$$

$$w = \frac{p(1+\mu)}{2\pi E}\left[\frac{z^2}{R^3} + 2(1-\mu)\frac{1}{R}\right] \tag{2-8i}$$

式中　σ_x、σ_y、σ_z——x、y、z 方向的法向应力；

$\quad\quad$ τ_{xy}、τ_{yz}、τ_{zx}——剪应力；

$\quad\quad$ u、v、w——M 点沿 x、y、z 轴方向的位移；

$\quad\quad$ R——M 点至坐标原点 O 的距离，$R = \sqrt{x^2+y^2+z^2} = \sqrt{r^2+z^2}$；

$\quad\quad$ θ——OM 线与 z 轴的夹角；

$\quad\quad$ E——土的弹性模量；

$\quad\quad$ μ——土的泊松比。

对于土力学来说，σ_z 具有特别重要的意义，它是使地基土产生压缩变形的原因。由公式可知，垂直应力 σ_z 只与荷载 p 和点的位置有关，而与地基土变形性质无关。

由几何关系 $R^2 = r^2+z^2$ 可知，式(2-8a)可以写为：

$$\sigma_z = \frac{3p}{2\pi}\cdot\frac{z^3}{R^5} = \frac{3p}{2\pi z^2}\cdot\frac{1}{\left[1+\left(\frac{r}{z}\right)^2\right]^{\frac{5}{2}}} = \alpha\cdot\frac{p}{z^2} \tag{2-9}$$

其中：

$$\alpha = \frac{3}{2\pi}\cdot\frac{1}{\left[1+\left(\frac{r}{z}\right)^2\right]^{\frac{5}{2}}}$$

式中，α 称为竖向集中荷载作用下的地基竖向应力系数，它是 r 的函数，可从表 2-1 中查取。

由式(2-9)可知：

(1) 在集中力作用线上（$r=0$，$\alpha = \frac{3}{2\pi}$，$\sigma_z = \frac{3}{2\pi}\cdot\frac{p}{z^2}$），附加应力 σ_z 随着深度 z 的增加而递减，如图 2-10 所示。

(2) 当离集中力作用线某一距离 r 时，在地表处的附加应力 $\sigma_z = 0$，随着深度 z 的增加，σ_z 逐渐递增，但到一定深度后，σ_z 又随着深度 z 的增加而减小，如图 2-10 所示。

(3) 当 z 一定时，即在同一水平面上，附加应力 σ_z 随着 r 的增大而减小，如图 2-10 所示。

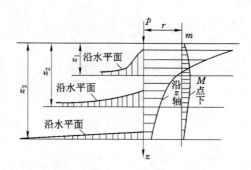

图 2-10　集中荷载作用下土中应力 σ_z 的分布

（4）若在空间将 σ_z 相等的点连成曲面，就可以得到 σ_z 的等值线，其空间曲面的形状如同泡状，所以也称为应力泡，如图 2-11 所示。

如果地面上有几个集中力作用（图 2-12），则地基中任意点 M 处的附加应力 σ_z 可以利用式（2-9）分别求出各集中力对该点所引起的附加应力，然后进行叠加，即：

$$\sigma_z = \alpha_1 \frac{p_1}{z^2} + \alpha_2 \frac{p_2}{z^2} + \cdots + \alpha_n \frac{p_n}{z^2} \tag{2-10}$$

式中，$\alpha_1, \alpha_2, \cdots, \alpha_n$ 分别为集中力 $p_1, p_2, \cdots, p_n$ 作用下的竖向应力分布函数。

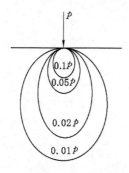

图 2-11　应力泡

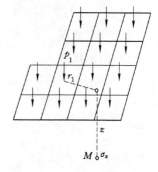

图 2-12　等代荷载法计算 σ_z

表 2-1　　　　　　　　　　集中荷载作用下地基附加应力系数 α

$\frac{r}{z}$	α	$\frac{r}{z}$	α	$\frac{r}{z}$	α	$\frac{r}{z}$	α	$\frac{r}{z}$	α
0.00	0.477 5	0.40	0.329 4	0.8	0.138 6	1.20	0.051 3	1.60	0.020 0
0.01	0.477 3	0.41	0.323 8	0.81	0.135 3	1.21	0.050 1	1.61	0.019 5
0.02	0.477 0	0.42	0.318 3	0.82	0.132 0	1.22	0.048 9	1.62	0.019 1
0.03	0.476 4	0.43	0.312 4	0.83	0.128 8	1.23	0.047 7	1.63	0.018 7
0.04	0.475 6	0.44	0.306 8	0.84	0.125 7	1.24	0.046 6	1.64	0.018 3
0.05	0.474 5	0.45	0.301 1	0.85	0.122 6	1.25	0.045 4	1.65	0.017 9
0.06	0.473 2	0.46	0.295 5	0.86	0.119 6	1.26	0.044 3	1.66	0.017 5

续表 2-1

$\dfrac{r}{z}$	α	$\dfrac{r}{z}$	α	$\dfrac{r}{z}$	α	$\dfrac{r}{z}$	α	$\dfrac{r}{z}$	α
0.07	0.474 7	0.47	0.289 9	0.87	0.116 6	1.27	0.043 3	1.67	0.017 1
0.08	0.469 9	0.48	0.284 3	0.88	0.113 8	1.28	0.042 2	1.68	0.016 7
0.09	0.467 9	0.49	0.278 8	0.89	0.111 0	1.29	0.041 2	1.69	0.016 3
0.10	0.465 7	0.50	0.293 3	0.90	0.108 3	1.30	0.040 2	1.70	0.016 0
0.11	0.463 3	0.51	0.267 9	0.91	0.105 7	1.31	0.039 3	1.72	0.015 3
0.12	0.460 7	0.52	0.262 5	0.92	0.103 1	1.32	0.038 3	1.74	0.014 7
0.13	0.457 9	0.53	0.257 1	0.93	0.100 5	1.33	0.037 4	1.76	0.014 1
0.14	0.454 8	0.54	0.251 8	0.94	0.098 1	1.34	0.036 5	1.78	0.013 5
0.15	0.451 6	0.55	0.246 6	0.95	0.056	1.35	0.035 7	1.80	0.012 9
0.16	0.448 2	0.56	0.241 4	0.96	0.093 3	1.36	0.034 8	1.82	0.012 4
0.17	0.444 8	0.57	0.236 3	0.97	0.091	1.37	0.034 0	1.84	0.011 9
0.18	0.440 9	0.58	0.231 3	0.98	0.088 7	1.38	0.033 2	1.86	0.011 4
0.19	0.437 0	0.59	0.226 3	0.99	0.086 5	1.39	0.032 4	1.88	0.010 9
0.20	0.432 9	0.60	0.221 4	1.00	0.084 4	1.40	0.031 7	1.90	0.010 5
0.21	0.428 6	0.61	0.216 5	1.01	0.082 3	1.41	0.030 9	1.92	0.010 1
0.22	0.424 2	0.62	0.211 7	1.02	0.080 3	1.42	0.030 2	1.94	0.009 7
0.23	0.419 7	0.63	0.207 0	1.03	0.078 3	1.43	0.029 5	1.96	0.009 3
0.24	0.415 1	0.64	0.202 4	1.04	0.076 4	1.44	0.028 8	1.98	0.008 9
0.25	0.410 3	0.65	0.199 8	1.05	0.074 4	1.45	0.028 2	2.00	0.008 5
0.26	0.405 4	0.66	0.193 4	1.06	0.072 7	1.46	0.027 5	2.10	0.007 0
0.27	0.400 4	0.67	0.188 9	1.07	0.070 9	1.47	0.026 9	2.20	0.005 8
0.28	0.395 4	0.68	0.184 6	1.08	0.069 1	1.48	0.026 3	2.30	0.004 8
0.29	0.390 2	0.69	0.180 4	1.09	0.067 4	1.49	0.025 7	2.40	0.004 0
0.30	0.384 9	0.70	0.176 2	1.10	0.065 8	1.50	0.025 1	2.50	0.003 4
0.31	0.379 6	0.71	0.172 1	1.11	0.064 1	1.51	0.024 5	2.60	0.002 9
0.32	0..374 2	0.72	0.188 1	1.12	0.062 6	1.52	0.024 0	2.70	0.002 4
0.33	0.368 7	0.73	0.164 1	1.13	0.061 0	1.53	0.023 4	2.80	0.002 1
0.34	0.363 2	0.74	0.160 3	1.14	0.059 5	1.54	0.022 9	2.90	0.001 7
0.35	0.357 7	0.75	0.156 5	1.15	0.058 1	1.55	0.022 4	3.00	0.001 5
0.36	0.352 1	0.76	0.152 7	1.16	0.056 7	1.56	0.021 9	3.50	0.000 7
0.37	0.346 5	0.77	0.149 1	1.17	0.055 3	1.57	0.021 4	4.00	0.000 4
0.38	0.340 8	0.78	0.145 5	1.18	0.053 9	1.58	0.020 9	4.50	0.000 2
0.39	0.335 1	0.79	0.142 0	1.19	0.052 6	1.59	0.020 4	5.00	0.000 1

【例 2-3】 在地面作用一集中荷载 $p = 200$ kN。

（1）试确定在地基中 $z=2$ m 的水平面上，水平距离 $r=1$ m、2 m、3 m 和 4 m 处各点的竖向附加应力值 σ_z，并绘出分布图。

（2）试确定在地基 $r=0$ m 的竖直线上距地面 $z=0$ m、1 m、2 m、3 m 和 4 m 处各点的 σ_z 值，并绘出分布图。

解 （1）地基中 $z=2$ m 的水平面上指定点的附加应力 σ_z 的计算数据见表 2-2。

表 2-2　　　　　　　　　　　　　　**例 2-3 表 1**

z/m	r/m	$\dfrac{r}{z}$	α	$\sigma_z=\alpha\cdot\dfrac{p}{z^2}/(\mathrm{kN/m^2})$
0	2	0	0.477 5	23.8
1	2	0.5	0.273 3	13.7
2	2	1.0	0.084 4	4.2
3	2	1.5	0.025 1	1.2
4	2	2.0	0.008 5	0.4

σ_z 的分布图如图 2-13 所示。

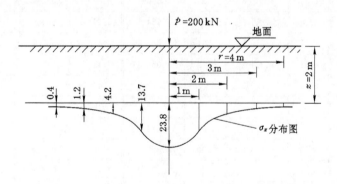

图 2-13　例 2-3 图 1

（2）在地基中 $r=0$ 的竖直线上，指定点的附加应力 σ_z 的计算数据见表 2-3。

表 2-3　　　　　　　　　　　　　　**例 2-3 表 2**

z/m	r/m	$\dfrac{r}{z}$	α	$\sigma_z=\alpha\cdot\dfrac{p}{z^2}/(\mathrm{kN/m^2})$
0	0	0	0.477 5	∞
1	0	0	0.477 5	95.5
2	0	0	0.477 5	23.8
3	0	0	0.477 5	10.5
4	0	0	0.477 5	6

σ_z 的分布图如图 2-14 所示。

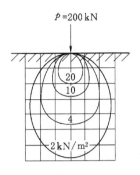

图 2-14 例 2-3 图 2

二、竖向矩形均布荷载作用下土中附加应力的计算

在工程实际中荷载很少是以集中荷载的形式作用在地基上的,一般都通过一定尺寸的基础传递给地基。对矩形基础,基础底面的形状和荷载分布都有规律,可利用对上述集中荷载引起的附加应力进行积分的方法,计算地基中任意点的附加应力。

1. 矩形均布荷载角点下的附加应力

假设一竖向矩形均布荷载,长边为 l,短边为 b,荷载强度为 p,则矩形基础底面角点下任意深度 z 处的附加应力(图 2-15)可由式(2-8a)积分得:

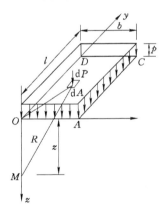

图 2-15 竖向矩形均布荷载作用时角点下的附加应力

$$\sigma_z = \int_0^b \int_0^l \frac{3p}{2\pi} \cdot \frac{z^3}{(\sqrt{x^2+y^2+z^2})^5} \mathrm{d}x \mathrm{d}y$$

$$= \frac{p}{2\pi} \left[\frac{blz(b^2+l^2+2z^2)}{(b^2+z^2)(l^2+z^2)\sqrt{b^2+l^2+z^2}} + \arctan \frac{bl}{z\sqrt{b^2+l^2+z^2}} \right] \quad (2-11)$$

$$\alpha_c = \frac{1}{2\pi} \left[\frac{blz(b^2+l^2+2z^2)}{(b^2+z^2)(l^2+z^2)\sqrt{b^2+l^2+z^2}} \right] + \arctan \frac{bl}{z\sqrt{b^2+l^2+z^2}} \quad (2-12)$$

为了计算方便,可将式(2-11)简写为:

$$\sigma_z = \alpha_c \cdot p \quad (2-13)$$

式中 α_c——竖向矩形均布荷载作用下矩形基底角点下的附加应力系数,应用时可查表 2-4 取值。

表 2-4 矩形均布荷载角点下的附加应力系数 α_c

$\frac{z}{b}$	l/b										
	1.0	1.2	1.4	1.6	1.8	2.0	3.0	4.0	5.0	6.0	10.0
0.0	0.250 0	0.250 0	0.250 0	0.250 0	0.250 0	0.250 0	0.250 0	0.250 0	0.250 0	0.250 0	0.250 0
0.2	0.248 6	0.248 9	0.249 0	0.249 1	0.249 1	0.249 1	0.249 2	0.249 2	0.249 2	0.249 2	0.249 2
0.4	0.240 1	0.242 0	0.242 9	0.243 4	0.243 7	0.243 9	0.244 2	0.244 3	0.244 3	0.244 3	0.244 3
0.6	0.222 9	0.227 5	0.230 0	0.235 1	0.232 4	0.232 9	0.233 9	0.234 1	0.234 2	0.234 2	0.234 2
0.8	0.199 9	0.207 5	0.212 0	0.214 7	0.216 5	0.217 6	0.219 6	0.220 0	0.220 2	0.220 2	0.220 2
1.0	0.175 2	0.185 1	0.191 1	0.195 5	0.198 1	0.199 9	0.203 4	0.204 2	0.204 4	0.204 5	0.204 6
1.2	0.151 6	0.162 6	0.170 5	0.175 8	0.179 3	0.181 8	0.187 0	0.188 2	0.188 5	0.188 7	0.188 8
1.4	0.130 8	0.142 3	0.150 8	0.156 9	0.161 3	0.164 4	0.171 2	0.173 0	0.173 5	0.173 8	0.174 0
1.6	0.112 3	0.124 1	0.132 9	0.143 6	0.144 5	0.148 2	0.156 7	0.159 0	0.159 8	0.160 1	0.160 4
1.8	0.096 9	0.108 3	0.117 2	0.124 1	0.129 4	0.133 4	0.143 4	0.146 3	0.147 4	0.147 8	0.148 2
2.0	0.084 0	0.094 7	0.103 4	0.110 3	0.115 8	0.120 2	0.131 4	0.135 0	0.136 3	0.136 8	0.137 4
2.2	0.073 2	0.083 2	0.091 7	0.098 4	0.103 9	0.108 4	0.120 5	0.124 8	0.126 4	0.127 1	0.127 7
2.4	0.064 2	0.073 4	0.081 2	0.087 9	0.093 4	0.097 9	0.110 8	0.115 6	0.117 5	0.118 4	0.119 2
2.6	0.056 6	0.065 1	0.072 5	0.078 8	0.084 2	0.088 7	0.102 0	0.107 3	0.109 5	0.110 6	0.111 6
2.8	0.050 2	0.058 0	0.064 9	0.070 9	0.076 1	0.080 5	0.094 2	0.099 9	0.102 4	0.103 6	0.104 8
3.0	0.044 7	0.051 9	0.058 3	0.064 0	0.096 0	0.073 2	0.087 0	0.093 1	0.095 9	0.097 3	0.098 7
3.2	0.040 1	0.046 7	0.052 6	0.058 0	0.062 7	0.066 8	0.080 6	0.087 0	0.090 0	0.091 6	0.093 3
3.4	0.036 1	0.042 1	0.047 7	0.052 7	0.057 1	0.061 1	0.074 7	0.081 4	0.084 7	0.086 4	0.088 2
3.6	0.032 6	0.038 2	0.043 3	0.048 0	0.052 3	0.056 1	0.069 4	0.076 3	0.079 9	0.081 6	0.083 7
3.8	0.029 6	0.034 8	0.039 5	0.043 9	0.047 9	0.051 6	0.064 5	0.071 7	0.075 3	0.077 3	0.079 6
4.0	0.027 0	0.031 8	0.036 2	0.040 3	0.044 1	0.047 4	0.060 3	0.067 4	0.071 2	0.077 3	0.075 8
4.2	0.024 7	0.029 1	0.033 3	0.037 1	0.040 7	0.043 9	0.056 3	0.063 4	0.067 4	0.069 6	0.072 4
4.4	0.022 7	0.026 8	0.030 6	0.034 3	0.037 6	0.040 7	0.052 7	0.059 7	0.063 9	0.066 2	0.069 6
4.6	0.020 9	0.024 7	0.028 3	0.031 7	0.034 8	0.037 8	0.049 3	0.056 4	0.060 6	0.063 0	0.066 3
4.8	0.019 3	0.022 9	0.026 2	0.029 4	0.032 4	0.035 2	0.046 3	0.053 3	0.057 6	0.060 1	0.063 5
5.0	0.017 9	0.021 2	0.024 3	0.027 4	0.030 2	0.032 8	0.043 5	0.050 4	0.054 7	0.057 3	0.061 0
6.0	0.012 7	0.015 1	0.017 4	0.019 6	0.021 8	0.023 3	0.032 5	0.038 8	0.043 1	0.046 0	0.050 6
7.0	0.009 4	0.011 2	0.013 0	0.014 7	0.016 4	0.018 0	0.025 1	0.030 6	0.034 6	0.037 6	0.042 8
8.0	0.007 3	0.008 7	0.010 1	0.011 4	0.012 7	0.014 0	0.019 8	0.024 6	0.028 3	0.031 1	0.036 7
9.0	0.005 8	0.006 9	0.008 0	0.009 1	0.010 2	0.011 2	0.016 1	0.020 2	0.023 5	0.026 2	0.031 9
10.0	0.004 7	0.005 6	0.006 5	0.007 4	0.008 3	0.009 2	0.013 2	0.016 7	0.019 8	0.022 2	0.028 0

2. 矩形均布荷载下任意点处的附加应力

利用矩形面积角点下的附加应力计算公式和应力叠加原理,可以推导出其中任意点的附加应力,这种方法称为角点法。计算点位于角点下的四种情况如图 2-16 所示。

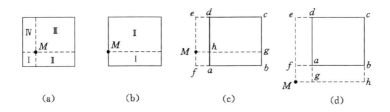

(a)　　　　　　(b)　　　　　　(c)　　　　　　(d)

图 2-16　以角点法计算竖向矩形均布荷载作用下的地基附加应力
(a) 点 M 在荷载面内;(b) 点 M 在荷载面边缘;
(c) 点 M 在荷载面边缘外侧;(d) 点 M 在荷载面角点外侧

计算时,通过 M 点将荷载面积划分为若干个矩形面积,然后再按式(2-13)计算每个矩形角点不同一深度 z 外的附加应力 σ_z,并求其代数和。

(1)计算矩形荷载面内任意点之下的附加应力时,α_c 为:

$$\alpha_c = \alpha_{cI} + \alpha_{cII} + \alpha_{cIII} + \alpha_{cIV}$$

(2)计算矩形荷载面边缘上一点 M 之下的附加应力时,α_c 为:

$$\alpha_c = \alpha_{cI} + \alpha_{cII}$$

(3)计算矩形荷载面外一点 M 之下的附加应力时,α_c 为:

$$\alpha_c = \alpha_{cMecg} + \alpha_{cMgbf} - \alpha_{cMedh} - \alpha_{cMhaf}$$

(4)计算矩形荷载面角点外侧一点 M 之下的附加应力时,α_c 为:

$$\alpha_c = \alpha_{cMech} - \alpha_{cMedg} - \alpha_{cMfbh} + \alpha_{cMfag}$$

应用角点法时应注意:点 M 必须是划分出来的若干个矩形的公共角点;划分矩形的总面积应等于受荷面积。查表时,所有分块矩形都是长边为 l,短边为 b。

3. 条形均布荷载下任意处的附加应力

当矩形基础底面的长宽比很大,如 $l/b \geqslant 10$ 时,称为条形基础。砌体结构房屋的墙基与挡土墙等都属于条形基础。

当条形基础在基底产生的变形荷载沿长度不变时,地基应力属于平面问题,即垂直于长度方向的任一截面上的附加应力分布规律都是相同的(基础两端另行处理)。当条形基础宽度为 b,其上作用均布荷载 p 时,取宽度 b 的中点作为坐标原点(图 2-17),则地基中任意点 M 的竖向附加应力为:

$$\sigma_c = \frac{p}{\pi}\left[\arctan\frac{1-2m}{2n} + \arctan\frac{1+2m}{2n} - \frac{4m(4n^2 - 4m^2 - 1)}{(4n^2 + 4m^2 - 1) + 16m^2}\right] = \alpha_s p \quad (2\text{-}14)$$

式中,α_s 为条形竖直均布荷载作用下的竖向附加应力分布系数,由表 2-5 查取,$m = \dfrac{x}{b}$,$n = \dfrac{z}{b}$。

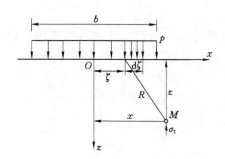

图 2-17 条形均布荷载作用下的地基附加应力计算

表 2-5   条形均布荷载作用下的附加应力系数 α_s

$\dfrac{z}{b}$	l/b												
	0.00	0.10	0.25	0.35	0.50	0.75	1.00	1.50	2.00	2.50	3.00	4.00	5.00
0.00	1.000	1.000	1.000	1.000	0.500	0.000	0.000	0.000	0.000	0.000	0.000	0.000	0.000
0.05	1.000	1.000	0.995	0.970	0.500	0.002	0.000	0.000	0.000	0.000	0.000	0.000	0.000
0.10	0.997	0.996	0.986	0.965	0.499	0.010	0.005	0.000	0.000	0.000	0.000	0.000	0.000
0.15	0.993	0.987	0.968	0.910	0.498	0.033	0.008	0.001	0.000	0.000	0.000	0.000	0.000
0.25	0.960	0.954	0.905	0.805	0.496	0.088	0.019	0.002	0.001	0.000	0.000	0.000	0.000
0.35	0.907	0.900	0.832	0.732	0.492	0.148	0.039	0.006	0.003	0.001	0.000	0.000	0.000
0.50	0.820	0.812	0.735	0.651	0.481	0.218	0.082	0.017	0.005	0.002	0.001	0.000	0.000
0.75	0.668	0.658	0.610	0.552	0.450	0.263	0.146	0.040	0.017	0.005	0.005	0.001	0.000
1.00	0.552	0.541	0.513	0.475	0.410	0.288	0.185	0.071	0.029	0.013	0.007	0.002	0.001
1.50	0.396	0.395	0.379	0.353	0.332	0.273	0.211	0.114	0.055	0.303	0.018	0.006	0.003
2.00	0.306	0.304	0.292	0.288	0.275	0.242	0.205	0.134	0.083	0.051	0.028	0.013	0.006
2.50	0.245	0.244	0.239	0.237	0.231	0.215	0.188	0.139	0.098	0.065	0.034	0.021	0.010
3.00	0.208	0.208	0.206	0.202	0.198	0.185	0.171	0.136	0.103	0.075	0.053	0.028	0.015
4.00	0.160	0.160	0.158	0.156	0.153	0.147	0.140	0.122	0.102	0.081	0.066	0.040	0.025
5.00	0.126	0.126	0.125	0.125	0.124	0.121	0.117	0.107	0.095	0.082	0.069	0.046	0.034

条形均布荷载下地基中的应力分布规律如图 2-18 所示。

从图中可以看出,条形均布荷载下地基中附加应力具有扩散分布性;在离基底不同深度处的各个水平面上,以基底中心点下轴线处最大,随着距离中轴线越远应力越小;在荷载分布范围内之下沿垂线方向的任意点,随深度越向下附加应力越小。

【例 2-4】 如图 2-19 所示,有均布荷载 $p=200$ kN/m²,荷载面积为 2×1 m²,求荷载面积上角点 A、边点 E、中心点 O 等各点下 $z=1$ m 深度处的附加应力。

解 (1)A 点下的附加应力

A 点是矩形 $ABCD$ 的角点,且 $l/b=2$,$z/b=1$,查表 2-5 得 $\alpha_c=0.199\ 9$,故:

$$\sigma_z=\alpha_c p=0.199\ 9\times200=39.98\ (\text{kN/m}^2)$$

(2)E 点下的附加应力

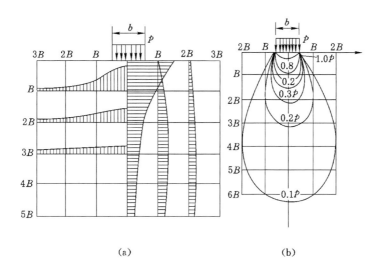

（a）　　　　　　　　　（b）

图 2-18　条形均布荷载下地基中附加应力等值线

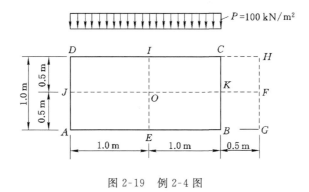

图 2-19　例 2-4 图

通过 E 点将矩形荷载面积划分为两个相等的矩形 $EADI$ 和 $EBCI$，且 $l/b=1$，$z/b=1$，查表 2-5 得 $\alpha_c=0.175\ 2$，故：

$$\sigma_z=2\alpha_c p=2\times0.175\ 2\times200=70.08\ (\text{kN/m}^2)$$

（3）O 点下的附加应力

通过 O 点将原矩形面积分为 4 个相等的矩形 $OEAJ$、$OJDI$、$OICK$ 和 $OKBE$，且 $l/b=2$，$z/b=2$，查表 2-5 得 $\alpha_c=0.120\ 2$，故：

$$\sigma_z=4\alpha_c p=4\times0.120\ 2\times200=96.16\ (\text{kN/m}^2)$$

拓 展 练 习

1. 某场地为成层土，第一层杂填土厚 1.5 m，$\gamma=17$ kN/m³；第二层粉质黏土厚 4 m，$\gamma=19$ kN/m³，$G_s=2.73$，$w=31\%$，地下水位在地面下 2 m 深处；第三层淤泥质黏土厚 8 m，$\gamma=18$ kN/m³，$G_s=2.74$，$w=41\%$。计算第三层底的竖向自重应力。

2. 已知矩形基础位于均质土中，土的重度 $\gamma=19$ kN/m³，基础底面位于地面以下

1.5 m，基底尺寸 $b=4$ m、$l=10$ m，在基础底面中心作用有集中荷载 $N=158$ kN/m^2 和 $M=200$ kN·m（偏心方向在短边上），求基底附加压力的最大值与最小值，画出基底压力分布图。

3. 地表上作用有一矩形均布荷载 $p=250$ kPa，求作用面积为 2.0 m×6.0 m 的矩形角点下深度为 1 m、2 m、5 m 处的附加应力值以及中心点下深度为 1 m、2 m、5 m 处的附加应力值。

第三章 地基变形计算

【学习目标】 从试验出发,分析土的压缩性并掌握土的压缩性指标的应用范围,利用第二章内容计算土中应力,熟练掌握地基最终变形的计算方法;熟悉并掌握地基最终变形的计算方法;熟悉土的渗透性和有效应力原理及固结理论,并能分析地基变形与时间的关系,能计算建筑物某时刻的沉降,为建筑物设计提供科学依据。

第一节 土的压缩性

一、基本概念

土体在外部压力和周围环境作用下体积减小的特性称为土的压缩性。土体体积减小包括三个方面:① 土颗粒发生相对位移,土中水及气体从孔隙中排出,从而使土孔隙体积减小;② 土颗粒本身的压缩;③ 土中水及封闭在土中的气体被压缩。在一般情况下,土受到的压力常为 $100\sim600$ kPa,这时土颗粒及水的压缩变形量不到全部土体压缩变形量的 $1/400$,可以忽略不计。因此,土的压缩变形主要由于土体孔隙体积减小。

土体压缩变形的快慢取决于土中水排出的速度,排水速率既取决于土体孔隙通道的大小,又取决于土中黏粒含量的多少。对透水性大的砂土,其压缩过程在加荷后的较短时期内即可完成;对于黏性土,尤其是饱和软黏土,由于黏粒含量多、排水通道狭窄,孔隙水的排出速率很低,其压缩过程比砂性土要长得多。土体在外部压力下,压缩随时间增长的过程称为土的固结。依赖于孔隙水压力变化而产生的固结,称为主固结。不依赖于孔隙水压力变化,在有效应力不变时,由于颗粒间位置变动而引起的固结称为次固结。土的固结在土力学中是很复杂但非常重要的课题。

在相同压力条件下,不同土的压缩变形量差别很大,可通过室内压缩试验或现场荷载试验测定。

二、压缩试验及压缩指标

1. 压缩试验

常用的试验是不允许土样产生侧向变形的室内试验,又称侧限压缩试验或固结试验。

试验是在侧限压缩仪(固结仪,图 3-1)中进行的。试验时,用金属环刀切取保持天然结构的原状土样,并置于压缩容器的刚性护环内,土样上下各垫一块透水石,以便水可以自由地排出。由于金属环刀和刚性护环的限制,土样在压力作用下只能发生竖向压缩变形。土样在天然状态下或经人工饱和后进行逐级加压固结,求出各级压力压缩稳定后的孔隙比,便可绘出土样的压缩曲线。

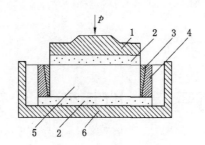

图 3-1　固结仪简图

1——加压板;2——透水石;3——环刀;4——压缩环;5——土样;6——底座

2. 压缩曲线

如图 3-2 所示,设原状土的高度为 H_0,受压后高度变为 H,S 为压力 p 作用下土样压缩稳定后的下沉量。原土粒体积 $V=1$,孔隙体积 $V_v=e_0$,受压后 $V_s=1$,$V_v=e$,如果面积不变,则受压前的体积为:

$$1+e_0=H_0A$$

受压后的体积为:

$$1+e=HA$$

两式面积相等,于是有:

$$\frac{1+e_0}{H_0}=\frac{1+e}{H},e=\frac{(1+e_0)H}{H_0}-1 \tag{3-1}$$

$$H=H_0-S,e=e_0-\frac{S}{H_0}(1+e_0) \tag{3-2}$$

式中,$e_0=\dfrac{G_s\gamma_w(1+w_0)}{\gamma_0}-1$,其中 G_s、w_0、γ_0 分别为土粒比重、土样的初始含水率和初始重度。因此,只要测得压缩量 S,就可计算出孔隙比 e,从而绘制出 e-p 曲线,即压缩曲线,如图 3-3 所示。

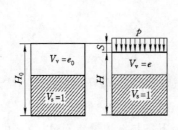

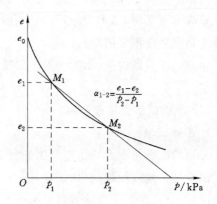

图 3-2　侧限压缩土样孔隙比变化　　　　　图 3-3　e-p 压缩曲线

(a) 压前;(b) 压后

3. 压缩系数

由图 3-3 所示的压缩曲线可知，当两点间压力变化范围不大时，曲线可近似作为直线。

将孔隙比之差 $e_1 - e_2$ 与相应的压力差 $p_1 - p_2$ 的比值称为压缩系数 $\alpha(\mathrm{MPa}^{-1})$，也称压缩曲线的斜率：

$$\alpha = \frac{e_1 - e_2}{p_2 - p_1} = \frac{\Delta e}{\Delta p} \tag{3-3}$$

α 越大，土的压缩性越高。取 p_1 为土自重应力，p_2 取土的自重应力与附加应力之和，但目前一般工程取 $p_1 = 100~\mathrm{kPa}$，$p_2 = 200~\mathrm{kPa}$，求得压缩系数 α_{1-2} 来评价土的压缩性。不同类型、状态的土，其压缩性相差较大，可区分为下列三种情况：$\alpha_{1-2} < 0.1~\mathrm{MPa}^{-1}$ 时，属低压缩性土；$0.1~\mathrm{MPa}^{-1} \leqslant \alpha_{1-2} < 0.5~\mathrm{MPa}^{-1}$ 时，属中压缩性土；$\alpha_{1-2} \geqslant 0.5~\mathrm{MPa}^{-1}$ 时，属高压缩性土。

4. 压缩模量

在侧限条件下，土样受压方向上的压应力变量 Δp 与相应压应变变量 $\Delta \xi$ 的比值称为压缩模量，用 E_s 表示。

设土体受压面积保持不变，在 p_1 作用下的体积为 $1 + e_1$，在 p_2 作用下的体积为 $1 + e_2$，则压应变变量为：

$$\Delta \xi = \frac{(1 + e_1) - (1 + e_2)}{1 + e_1} = \frac{e_1 - e_2}{1 + e_1}$$

故：

$$E_s = \frac{\Delta p}{\Delta \xi} = \frac{(p_2 - p_1)(1 + e_1)}{e_1 - e_2} = \frac{1 + e_1}{\alpha} \tag{3-4}$$

《建筑地基基础设计规范》(GB 50007—2011)建议采用实际压力下的 E_s 值，当考虑 p_1 为土的自重应力时，取天然孔隙比 e_0 代替 e_1，故压缩模量 $E_s(\mathrm{MPa})$ 为：

$$E_s = \frac{1 + e_0}{\alpha} \tag{3-5}$$

式中，α 应取从土自重应力至土的自重附加压力段的压缩系数。

E_s 与 α 成反比，α 越小则 E_s 越大，表示土的压缩性越低。

5. 回弹曲线和再压缩曲线

如图 3-4 所示，土加载至 p_1 后逐渐卸载直至零，可得回弹曲线 2。此时，土不能完全恢复至其压缩前的状态，则不能恢复的这部分变形称为残余变形，这是由于土不是理想的弹性体，而是弹塑性体。如果再重新加载则又可得再加载曲线 3，与第一次加载曲线 1 有连续趋势。从 e-p 曲线可以看出，压缩曲线、回弹曲线、再压缩曲线都不重合，只有再次加荷超过卸除荷载之后，再压缩曲线才能趋于压缩曲线的延长线。从图中可以看到：回弹曲线和再压缩曲线构成一滞后环，这是土体并非完全弹性体的又一表征；压缩曲线的斜率大于再压缩曲线的斜率。

当有些基坑开挖量很大、开挖时间较长时，就可能造成基坑土的回弹，因此在预估这种基础的沉降时，应该考虑到因回弹产生的沉降量增加。

三、载荷试验确定土的变形模量

土的压缩性指标除室内试验测量确定外，也可以通过现场原位测试确定，用变形模量表

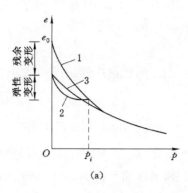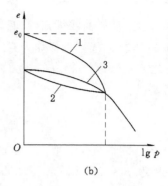

图 3-4　土的加、卸荷曲线

(a) e-p 曲线；(b) e-$\lg p$ 曲线

示。土体在无侧限条件下应力与应变的比值，在现场原位测得称为变形模量。它能比较综合地反映土在天然状态下的压缩性。通常现场试验表明，地基变形处于近似的直线阶段，因而变形模量可用弹性力学公式反求地基土的变形模量 E_0，可表示为：

$$E_0 = w(1 - v^2)\frac{p_1 b}{S_1} \tag{3-6}$$

或

$$\frac{1 - v^2}{E_0} = \frac{S_1}{w p_1 b}$$

式中　w——沉降影响系数，与试验条件有关，对于刚性方压板 $w = 0.88$，对刚性圆压板 $w = 0.79$。

　　　μ——土的泊松比，对于黏土为 $0.25 \sim 0.42$。

　　　b——试验承压板的边长或直径。

　　　p_1——地基的比例界限荷载。

　　　S_1——与 p_1 相对应的沉降，当 p_1 不能明确确定时，对低压缩性土和砂土，取 $S_1 = (0.010 \sim 0.015)b$ 及对应的荷载取为 p_1；对中、高压缩性土，取 $S_1 = 0.02b$ 及所对应的荷载取为 p_1。

　　土的变形模量 E_0 与土的压缩模量 E_s，由于试验约束条件不同，它们是不相同的。但根据理论研究，二者是可以互相换算的，换算关系如下：

$$E_0 = \left(1 - \frac{2v^2}{1 - v}\right)E_s \tag{3-7}$$

令 $\beta = 1 - \dfrac{2v^2}{1 - v}$，则：

$$E_0 = \beta E_s$$

第二节　地基沉降计算

一、分层总和法

地基最终变形计算是建筑物地基基础设计的重要内容，指的是地基土层在荷载作用下沉降至完全稳定以后的沉降量。这一沉降量取决于地基排水条件。对于砂土,施工结束后就可以完成最终沉降,对于黏性土,少则几年,多则十几年、几十年甚至更长的时间。目前,地基最终沉降量计算常用室内的压缩试验成果来进行。由于室内压缩试验具有侧限条件,所以该计算未考虑侧向变形的影响。

计算地基最终沉降量的方法较多,本节主要阐述常用的分层总和法和规范推荐法。

分层总和法是在地基可能产生压缩的土层深度内,按土的特性和应力状态将地基划分为若干层,并分别求出每一层的压缩量 s_i,最后将各分层的压缩量加和起来,即得地基表面的最终沉降量 S。

1. 分层总和法基本假定

(1)地基每一分层均质,且应力沿厚度均匀分布。

(2)在建筑物荷载作用下,地基土层只产生竖向压缩变形,不发生侧向膨胀变形。因此,在计算地基的沉降量时,可采用室内侧限条件下测定的压缩性指标。

(3)采用基底中心点下的附加应力计算地基变形量,且地基任意深度的附加应力等于基底中心点下该深度的附加应力值。

(4)地基变形发生在有限深度范围内。

(5)地基最终沉降量等于各分层沉降量之和。

2. 分层总和法计算原理及公式

分层总和的计算是建立在侧限压缩试验所得的压缩曲线的基础上。计算时,假定土在自重应力作用下已完成固结,压缩变形由附加应力引起。

如图 3-5 所示,取基底中心点下截面为 A 的小土柱进行分析,土柱上有自重应力和附加应力作用,现研究第 i 层土柱的压缩变形量。假定第 i 层土柱在 p_{1i} 作用下(相当于自重应力作用),压缩稳定后的孔隙比为 e_{1i},土柱的高度为 H_i。若压力增大至 p_{2i}(相当于自重应力与附加应力之和),压缩稳定后的孔隙比为 e_{2i},土柱的变形量为 ΔS_i,得:

$$\Delta S_i = \frac{e_{1i} - e_{2i}}{1 + e_{1i}} H_i \tag{3-8}$$

每一层土的变形量均按上式计算,叠加后得地基的最终沉降量为:

$$S = \Delta S_1 + \Delta S_2 + \cdots + \Delta S_n = \sum_{i=1}^{n} \frac{(e_{1i} - e_{2i}) H_i}{1 + e_{1i}} \tag{3-9}$$

式中,n 为地基沉降计算范围内的土层数。

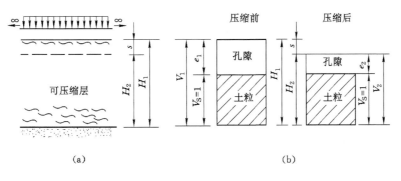

(a)　　　　　　　　　　　　　　(b)

图 3-5　土的侧限压缩示意图

由压缩系数定义可得：

$$e_{1i} - e_{2i} = \alpha_i (p_{2i} - p_{1i}) \tag{3-10}$$

将式(3-10)代入式(3-9)可得：

$$S = \sum_{i=1}^{n} \frac{\alpha_i (p_{2i} - p_{1i})}{1 + e_{1i}} H_i = \sum_{i=1}^{n} \frac{(p_{2i} - p_{1i})}{\dfrac{1 + e_{1i}}{\alpha_i}} H_i = \sum_{i=1}^{n} \frac{(p_{2i} - p_{1i})}{E_{si}} H_i = \sum_{i=1}^{n} \frac{\Delta p_i}{E_{si}} H_i$$

$$\tag{3-11}$$

或

$$S = \sum_{i=1}^{n} \frac{\overline{\sigma_{zi}}}{E_{si}} H_i \tag{3-12}$$

式中　　S——地基的最终沉降量，m；

　　　　α_i——第 i 分层土的压缩系数；

　　　　E_{si}——第 i 层土的压缩模量，MPa；

　　　　H_i——第 i 层土的厚度，m；

　　　　p_{1i}——作用在第 i 层土上的平均自重应力 σ_{czi}(kPa)，$p_{1i} = \dfrac{\sigma_{cz(i-1)} + \sigma_{czi}}{2}$；

　　　　p_{2i}——作用在第 i 层土上的平均自重应力 σ_{czi} 与平均附加应力 σ_{zi} 之和(kPa)，$p_{2i} = p_{1i} + \Delta p_i$；

　　　　e_{1i}——第 i 分层土的平均自重应力 p_{1i} 所对应的孔隙比，可从土的压缩曲线上查得；

　　　　e_{2i}——第 i 分层土的平均自重应力与附加应力之和 p_{2i} 所对应的孔隙比，可从土的压缩曲线上查得；

　　　　$\overline{\sigma_{zi}}$——第 i 分层土的附加应力平均值，$\overline{\sigma_{zi}} = \dfrac{\sigma_{z(i-1)} + \sigma_{zi}}{2}$。

注意：式(3-9)及式(3-12)是分层总和法计算沉降量的两个形式不同而实质相同的表达式。

地基沉降计算深度，理论上应计算至无限深，但由于地基越深土中的附加应力越小，因此，计算到一定深度后，变形量可以忽略不计。一般情况下，沉降计算深度取地基附加应力等于自重应力的 20%($\sigma_z = 0.2\sigma_{cz}$)处；在该深度以下若有高压缩性土，则应计算至 $\sigma_z = 0.1\sigma_{cz}$ 处或高压缩性土层的底部。

3. 分层总和法计算步骤

(1) 将土分层

将基础下的土层分成若干薄层，如图 3-6 所示，分层的原则如下：

① 不同土层的分界面。

② 地下水位处。

③ 因附加应力 σ_z 沿深度变化是非线性的，为了避免产生较大的误差，保证每薄层内附加应力分布近似于直线，以便较准确地求出各层内附加应力平均值，一般可采用上薄下厚的方法分层，且每层土的厚度应不大于基础宽度的 0.4 倍，即 $h_i \leqslant 0.4b$(b 为基础的宽度)。

(2) 计算自重应力 σ_{cz}

按计算公式 $\sigma_{cz} = \sum\limits_{i=1}^{n} \gamma_i h_i$ 计算自重应力在基础中点沿深度 z 的分布，并按一定比例将

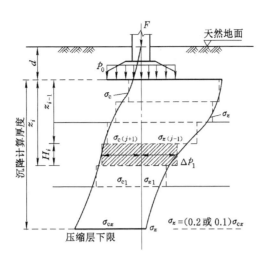

图 3-6　分层总和法计算地基最终沉降量

其绘制在中心 z 深度线的左侧。

注意：若开挖基坑后土体不产生回弹，自重应力从地面算起；地下水位以下采用土的浮重度计算。

（3）计算附加应力 σ_z

计算附加应力在基底中心点处沿深度 z 的分布，按一定的比例绘制于中心点 z 深度线的右侧。

注意，附加应力应从基础底面算起。

（4）计算深度 z_n

根据 $\sigma_z \leqslant 0.2\sigma_{cz}$（对高压缩性土 $\sigma_z \leqslant 0.1\sigma_{cz}$）来确定。

（5）计算各分层的自重应力、附加应力平均值

基于土层是均质、连续、各向同性的弹性半空间无限体假定及将土层划分为薄层，在计算各分层自重应力平均值与附加应力平均值时，可直接取薄层底面与顶面计算值的算术平均值（即底面与顶面计算值相加除以 2）。

（6）确定各分层压缩前后的孔隙比

根据计算出的平均自重应力、平均自重应力与平均附加应力之和，在相应的压缩曲线上查得初始孔隙比 e_{1i}、压缩稳定后的孔隙比 e_{2i}。

（7）计算地基最终沉降量

分别计算各层的沉降量，累加即得地基的最终沉降量。

$$S = \sum_{i=1}^{n} \frac{(e_{1i} - e_{2i})h_i}{1 + e_{1i}}$$

【例 3-1】　有一矩形基础放置在均质黏土层上，如图 3-7(a) 所示。基础长度 $l = 10$ m，宽度 $b = 5$ m，埋置深度 $d = 15$ m，建筑物荷载和基础自重之和为 $F_v = 10\ 000$ kN。地基土的天然湿重度为 $\gamma = 20$ kN/m³，饱和重度为 $\gamma_{sat} = 21$ kN/m³，土的压缩曲线如图 3-7(b) 所示。若地下水位距基底 2.5 m，试求此基础中心点的最终沉降量。

解　（1）计算基底压力。中心荷载作用下，基底压力为：

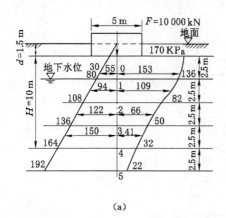

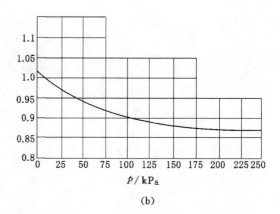

(a)   (b)

图 3-7   例 3-1 图

$$p_k = \frac{F_v}{lb} = \frac{10\ 000}{10 \times 5} = 200\ (\text{kPa})$$

基底附加压力为：

$$p_0 = p_k - \gamma_m d = (200 - 20 \times 1.5) = 170\ (\text{kPa})$$

（2）因为是均质土，且地下水位在基底以下 2.5 m 处，取分层厚度 $h_i = 2.5$ m。

（3）求各分层的自重应力（从地面算起）并绘制分布曲线，如图 3-7(a)所示。

$$\sigma_{c0} = \gamma d = 20 \times 1.5 = 30\ (\text{kPa})$$

$$\sigma_{c1} = \sigma_{c0} + \gamma h_1 = 30 + 20 \times 2.5 = 80\ (\text{kPa})$$

$$\sigma_{c2} = \sigma_{c1} + \gamma' h_2 = [80 + (21 - 9.8) \times 2.5] = 108\ (\text{kPa})$$

$$\sigma_{c3} = \sigma_{c2} + \gamma' h_3 = [108 + (21 - 9.8) \times 2.5] = 136\ (\text{kPa})$$

$$\sigma_{c4} = \sigma_{c3} + \gamma' h_4 = [136 + (21 - 9.8) \times 2.5] = 164\ (\text{kPa})$$

$$\sigma_{c5} = \sigma_{c4} + \gamma' h_5 = [164 + (21 - 9.8) \times 2.5] = 192\ (\text{kPa})$$

（4）求各分层面的竖向附加应力并绘分布曲线。

该基础为矩形基础，故应用角点法求解。通过中心点将基底划分为 4 块相等的计算面积，每块的长度 $l_1 = 10/2 = 5$ (m)，宽度 $b_1 = 5/2 = 2.5$ (m)。中心点正好在 4 块计算面积的公共角点上，该点下任意深度 z_i 处的附加应力为任一分块在该点引起的附加应力的 4 倍，计算结果见表 3-1。

表 3-1   附加应力计算结果

位置	z_i/m	z_i/b	l/b	α_c	$\sigma_z = 4\alpha_c p_0/\text{kPa}$
0	0	0	2	0.250 0	170
1	2.5	1.0	2	0.199 9	136
2	5.0	2.0	2	0.120 2	82
3	7.5	3.0	2	0.073 2	50
4	10.0	4.0	2	0.047 4	32
5	12.5	5.0	2	0.032 8	22

（5）确定计算深度，计算结果见表 3-2。

表 3-2　　　　　　　　　　　　计算深度 z_n 的确定

位置	z_i/m	σ_{czi}/kPa	σ_{zi}/kPa	σ_{zi}/σ_{czi}
0	0	30	170	5.667
1	2.5	80	136	1.700
2	5.0	108	82	0.759
3	7.5	136	50	0.368
4	10.0	164	32	0.195
5	12.5	192	22	0.115

在第 4 点处有 $\sigma_{z4}/\sigma_{cz4}=0.195<0.2$，所以，取计算深度 $z_n=10$ m。

（6）计算各分层的平均自重应力和平均附加应力。

按公式 $\sigma_{czi}=\dfrac{\sigma_{cz(i-1)}+\sigma_{czi}}{2}$ 和 $\overline{\sigma_{zi}}=\dfrac{\sigma_{z(i-1)}+\sigma_{zi}}{2}$ 计算各分层的平均自重应力和平均附加应力，计算结果见表 3-3。

表 3-3　　　　　　　　　　各分层的平均应力及相应的孔隙比

土层编号	h_i/cm	平均自重应力	平均附加应力	$p_{1i}+\Delta p_i$ /kPa	e_1	e_2	S_i/cm
1	250	55	153	208	0.935	0.870	8.40
2	250	94	109	203	0.915	0.870	5.88
3	250	122	66	188	0.895	0.875	2.65
4	250	150	41	191	0.885	0.873	1.60

（7）根据 $p_{1i}=\dfrac{\sigma_{cz(i-1)}+\sigma_{czi}}{2}$ 和 $p_{2i}=p_{1i}+\Delta p_i=p_{1i}+\dfrac{\sigma_{z(i-1)}+\sigma_{zi}}{2}$ 的计算结果，由图 3-7(b) 压缩曲线分别查取初始孔隙比 e_{1i} 和压缩稳定后的孔隙比 e_{2i}，结果见表 3-3。

（8）计算最终沉降量。

$$S=\sum_{i=1}^{n}\frac{(e_{1i}-e_{2i})H_i}{1+e_{1i}}$$

$$S=\sum S_i=8.4+5.88+2.65+1.6=18.53\ （\text{cm}）$$

综上所述，分层总和法的不足之处主要表现在以下方面：

① 计算中采用的是土的室内侧限压缩指标，即认为土体无侧向变形，与实际情况有出入，计算结果偏小。

② 采用基础中心点下的附加应力进行变形计算，而实际土层各点的附加应力大小是不同的（一般是中心最大，往两侧逐渐减小），计算结果与实际情况有误差。

③ 按 $0.4b$ 分层，将同一土层分成若干层，并采用不同的压缩模量参数，要分别计算各分层处的自重应力和附加应力平均值，工作量较大。

二、规范推荐法

为了进一步完善分层总和法,我国的岩土工程师提出了另一种方法,这一方法被记入《建筑地基基础设计规范》,在国内已得到广泛应用。

《建筑地基基础设计规范》推荐的地基最终沉降量计算方法,是一种在分层总和法的基础上发展起来的较为简便的计算方法,是简化并经修正后的分层总和法。与分层总和法相比,其有三个特点:

(1)采用天然土层面为分界面,无须将土层按 $0.4b$ 划分为若干薄层,减小计算工作量。

(2)根据我国建筑工程沉降观测数据,引入了沉降计算经验系数,并规定了地基沉降计算深度 z_n 的新标准,使计算结果与地基实际沉降更趋一致。

(3)采用了侧限条件下的压缩性指标,但引入了平均附加应力系数的概念,使烦琐的计算工作得以简化。

1. 规范推荐法计算原理及公式

按式(3-12)计算第 i 层土的变形量为:

$$\Delta S_i = \frac{\overline{\sigma_{zi} h_i}}{E_{si}} \tag{3-13}$$

式中　$\overline{\sigma_{zi} h_i}$——第 i 层土的附加应力面积。

如图 3-8 中的图形 5643 所示,从图中可见:

$$\overline{\sigma_{zi} h_i} = A_{5643} = A_{1243} - A_{1265} \tag{3-14}$$

式中　A_{5643}——图形 5643 的附加应力面积;

　　　A_{1243}——图形 1243 的附加应力面积;

　　　A_{1265}——图形 1265 的附加应力面积。

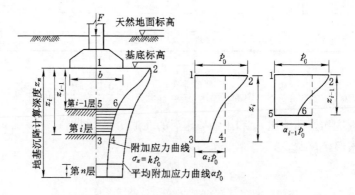

图 3-8　规范推荐法计算地基最终沉降量示意图

为了便于计算,令:

$$A_{1243} = p_0 z_i \overline{\alpha_i} \tag{3-15}$$

$$A_{1265} = p_0 z_{i-1} \overline{\alpha_{i-1}} \tag{3-16}$$

式(3-15)和式(3-16)中,$p_0 z_i \overline{\alpha_i}$ 与 $p_0 z_{i-1} \overline{\alpha_{i-1}}$ 分别表示 z_i 和 z_{i-1} 范围内的竖向应力面积的等代值,$\overline{\alpha_i}$ 和 $\overline{\alpha_{i-1}}$ 分别为相应的竖向附加应力系数。从上两式可得:

$$\overline{\alpha_i} = \frac{A_{1243}}{p_0 z_i}, \overline{\alpha_{i-1}} = \frac{A_{1256}}{p_0 z_{i-1}}$$

将式(3-15)和式(3-16)代入式(3-13),可得:

$$S = \sum_{i=1}^{n} \Delta S'_i = \sum_{i=1}^{n} \frac{\overline{\sigma_{zi}} h_i}{E_{si}} = \sum_{i=1}^{n} \frac{p_0}{E_{si}} (z_i \overline{\alpha_i} - z_{i-1} \overline{\alpha_{i-1}}) \qquad (3-17)$$

根据大量沉降观测资料与上式计算结果比较,对较密实的地基土,按上式计算的结果较实测的沉降值偏大;对较软弱的地基土,按上式计算得到的沉降值偏小。这是由于公式推导时做了一些假定,且有些复杂的因素在计算公式中也未能反映,如地基土侧向变形及土层非均匀性对称对计算附加压力的影响等。因此,《建筑地基基础设计规范》中引入了沉降计算经验系数对计算结果进行修正,即:

$$S = \Psi_s S' = \Psi_s \sum_{i=1}^{n} \Delta S'_i = \Psi_s \sum_{i=1}^{n} \frac{\overline{\sigma_{zi}} h_i}{E_{si}} = \Psi_s \sum_{i=1}^{n} \frac{p_0}{E_{si}} (z_i \overline{\alpha_i} - z_{i-1} \overline{\alpha_{i-1}}) \qquad (3-18)$$

式中　S——地基最终沉降量,mm;

　　　S'——按分层总和法计算出的地基最终沉降量,mm;

　　　Ψ_s——沉降计算经验系数,$\Psi_s = \dfrac{S_\infty}{S_n}$,其中 S_∞ 为沉降量的长期观测值,S_n 为分层总和法计算出的最终沉降量,由地区沉降观测资料及经验确定,也可采用表 3-4 中数值;

　　　n——地基沉降计算深度范围内所划分的土层数;

　　　p_0——基底附加压力,kPa;

　　　E_{si}——基础底面下第 i 层土的压缩模量,MPa;

　　　z_i、z_{i-1}——基础底面至第 i 层和第 $i-1$ 层底面的距离,m;

　　　$\overline{\alpha_i}$、$\overline{\alpha_{i-1}}$——基础底面至第 i 层和第 $i-1$ 层范围内的平均附加应力系数,对于均布荷载下的矩形基础按 l/b 及 z/b 查表 3-5,其中 l 和 b 分别为基础的长边和短边。

表 3-4　　　　　　　　　　　　沉降计算经验系数 Ψ_s

基底附加压力　＼　$\overline{E_s}$/MPa	2.5	4.0	7.0	15.0	20.0
$p_0 \geqslant f_{ak}$	1.4	1.3	1.0	0.4	0.2
$p_0 \leqslant 0.75 f_{ak}$	1.1	1.0	0.7	0.4	0.2

表 3-5　　　　　　　　矩形面积上均布荷载作用下角点的平均附加应力系数 $\overline{\alpha}$

z/b ＼ l/b	1.0	1.2	1.4	1.6	1.8	2.0	2.4	2.8	3.2	3.6	4.0	5.0	10.0
0.0	0.250 0	0.250 0	0.250 0	0.250 0	0.250 0	0.250 0	0.250 0	0.250 0	0.250 0	0.250 0	0.250 0	0.250 0	0.250 0
0.2	0.249 6	0.249 7	0.249 7	0.249 8	0.249 8	0.249 8	0.249 8	0.249 8	0.249 8	0.249 8	0.249 8	0.249 8	0.249 8
0.4	0.247 4	0.247 9	0.248 1	0.248 3	0.248 3	0.248 4	0.248 5	0.248 5	0.248 5	0.248 5	0.248 5	0.248 5	0.248 5
0.6	0.242 3	0.243 7	0.244 4	0.244 8	0.245 1	0.245 2	0.245 4	0.245 5	0.245 5	0.245 5	0.245 5	0.245 5	0.245 5
0.8	0.234 6	0.247 2	0.238 7	0.239 5	0.240 0	0.240 3	0.240 7	0.240 8	0.240 9	0.240 9	0.241 0	0.241 0	0.241 0
1.0	0.225 2	0.229 1	0.231 3	0.232 6	0.233 5	0.234 0	0.234 6	0.234 9	0.235 1	0.235 2	0.235 2	0.235 3	0.235 3
1.2	0.214 9	0.219 9	0.222 9	0.224 8	0.226 0	0.226 8	0.227 8	0.228 2	0.228 5	0.228 6	0.228 7	0.228 8	0.228 9
1.4	0.204 3	0.210 2	0.214 0	0.216 4	0.219 0	0.219 1	0.220 4	0.221 1	0.221 5	0.221 7	0.221 8	0.222 0	0.222 1

续表 3-5

z/b \ l/b	1.0	1.2	1.4	1.6	1.8	2.0	2.4	2.8	3.2	3.6	4.0	5.0	10.0
1.6	0.193 9	0.200 6	0.204 9	0.216 4	0.219 0	0.311 3	0.213 0	0.213 8	0.214 3	0.214 6	0.214 8	0.215 0	0.215 2
1.8	0.184 0	0.191 2	0.196 0	0.199 4	0.201 8	0.203 4	0.205 5	0.206 6	0.207 3	0.207 7	0.207 9	0.208 2	0.208 4
2.0	0.174 6	0.182 2	0.187 5	0.191 2	0.193 8	0.195 8	0.198 2	0.299 6	0.200 4	0.200 9	0.201 2	0.201 5	0.201 8
2.2	0.165 9	0.173 7	0.179 3	0.183 3	0.186 2	0.188 3	0.191 1	0.192 7	0.193 7	0.194 3	0.194 7	0.195 2	0.195 5
2.4	0.157 8	0.165 7	0.171 5	0.175 7	0.178 9	0.181 2	0.184 3	0.186 2	0.187 3	0.188 0	0.188 5	0.189 0	0.189 5
2.6	0.150 3	0.158 3	0.164 2	0.168 6	0.171 9	0.174 5	0.177 9	0.179 9	0.181 2	0.182 0	0.182 5	0.183 2	0.183 8
2.8	0.143 3	0.151 4	0.157 4	0.161 9	0.165 4	0.168 0	0.171 7	0.173 9	0.175 3	0.176 3	0.176 9	0.177 7	0.178 4
3.0	0.136 9	0.144 9	0.151 0	0.155 6	0.159 2	0.161 9	0.165 8	0.168 2	0.169 8	0.170 8	0.171 5	0.172 5	0.173 3
3.4	0.125 6	0.133 4	0.139 4	0.144 1	0.147 8	0.150 8	0.155 0	0.157 7	0.159 5	0.160 7	0.161 6	0.162 8	0.163 9
3.6	0.120 5	0.128 2	0.134 2	0.138 9	0.142 7	0.145 6	0.150 0	0.152 8	0.154 8	0.156 1	0.157 0	0.158 3	0.159 5
3.8	0.115 8	0.123 4	0.129 3	0.134 0	0.137 8	0.140 8	0.145 2	0.148 2	0.150 2	0.151 6	0.152 6	0.154 1	0.155 4
4.0	0.111 4	0.118 9	0.124 8	0.129 4	0.133 2	0.136 2	0.140 8	0.143 8	0.145 9	0.147 2	0.148 5	0.150 0	0.151 6
4.2	0.107 3	0.114 7	0.120 5	0.125 1	0.128 9	0.131 9	0.136 5	0.139 6	0.141 8	0.143 4	0.144 5	0.146 2	0.147 9
4.4	0.103 5	0110 7	0.116 4	0.121 0	0.124 8	0.127 9	0.132 5	0.135 7	0.135 9	0.139 6	0.140 7	0.142 5	0.144 4
4.6	0.100 0	0.107 0	0.112 7	0.117 2	0.120 9	0.124 0	0.128 7	0.131 9	0.134 2	0.135 9	0.137 1	0.139 0	0.141 0
4.8	0.096 7	0.103 6	0.109 1	0.113 6	0.117 3	0.130 4	0.125 0	0.128 3	0.130 7	0.132 4	0.133 7	0.135 7	0.137 9
5.0	0.093 5	0.100 3	0.105 7	0.110 2	0.113 9	0.116 9	0.121 6	0.124 9	0.127 3	0.129 1	0.130 4	0.132 5	0.134 8
5.2	0.090 6	0.097 2	0.102 6	0.107 0	0.110 6	0.113 6	0.118 3	0.121 7	0.124 1	0.125 9	0.127 3	0.129 5	0.132 0
5.4	0.087 8	0.094 3	0.099 6	0.103 9	0.107 5	0.110 5	0.115 2	0.118 6	0.121 1	0.122 9	0.124 3	0.126 5	0.129 2
5.6	0.085 2	0.091 6	0.096 8	0.101 0	0.104 6	0.107 6	0.112 2	0.115 6	0.118 1	0.120 0	0.121 5	0.123 8	0.126 6
5.8	0.082 8	0.089 0	0.094 1	0.098 3	0.101 8	0.104 7	0.109 4	0.112 8	0.115 3	0.117 2	0.118 7	0.121 1	0.124 0
6.0	0.080 5	0.086 6	0.091 5	0.095 7	0.099 1	0.102 1	0.160 7	0.110 1	0.112 6	0.114 6	0.116 1	0.118 5	0.1216
6.2	0.078 3	0.084 2	0.089 1	0.093 2	0.096 6	0.099 5	0.104 1	0.107 5	0.110 1	0.112 0	0.113 6	0.116 1	0.119 3
6.4	0.076 2	0.082 0	0.086 9	0.090 9	0.094 2	0.097 1	0.101 6	0.105 0	0.107 6	0.109 6	0.111 1	0.113 7	0.117 1
6.6	0.074 2	0.079 9	0.082 6	0.088 6	0.091 9	0.094 8	0.099 3	0.102 7	0.105 3	0.107 3	0.108 8	0.111 4	0.114 9
6.8	0.072 3	0.077 9	0.080 6	0.086 5	0.089 8	0.092 6	0.097 0	0.100 4	0.103 0	0.105 0	0.106 6	0.109 2	0.112 9
7.0	0.070 5	0.076 1	0.078 7	0.084 4	0.087 7	0.090 4	0.094 9	0.098 2	0.100 8	0.102 8	0.104 4	0.107 1	0.110 9
7.2	0.068 8	0.074 2	0.078 7	0.082 5	0.085 7	0.088 4	0.092 8	0.096 2	0.098 7	0.100 8	0.102 3	0.105 1	0.109 0
7.4	0.067 2	0.072 5	0.076 9	0.080 6	0.083 8	0.086 5	0.090 8	0.094 2	0.096 7	0.098 8	0.100 4	0.010 31	0.107 1
7.6	0.065 6	0.070 9	0.075 2	0.078 9	0.082 0	0.084 6	0.088 9	0.092 2	0.094 8	0.096 8	0.098 4	0.010 12	0.105 4
7.8	0.064 2	0.069 3	0.073 6	0.077 1	0.080 2	0.082 8	0.087 1	0.090 4	0.092 9	0.095 0	0.096 6	0.099 4	0.103 6
8.0	0.062 7	0.067 8	0.072 0	0.075 5	0.078 5	0.081 1	0.085 3	0.088 6	0.091 2	0.093 2	0.094 8	0.097 6	0.102 0
8.2	0.061 4	0.066 3	0.070 5	0.073 9	0.076 9	0.079 5	0.083 7	0.086 9	0.089 4	0.091 4	0.093 1	0.095 9	0.100 4
8.4	0.060 1	0.064 9	0.069 0	0.072 4	0.075 4	0.077 9	0.082 0	0.085 2	0.087 8	0.089 8	0.091 4	0.094 3	0.098 8
8.6	0.058 8	0.063 6	0.067 6	0.071 0	0.073 9	0.076 4	0.080 5	0.083 6	0.086 2	0.088 2	0.089 8	0.092 7	0.097 3
8.8	0.057 6	0.062 3	0.066 3	0.069 6	0.072 4	0.074 9	0.079 0	0.082 1	0.084 6	0.086 6	0.088 2	0.091 2	0.095 9
9.2	0.055 4	0.059 9	0.063 7	0.067 0	0.069 7	0.072 1	0.076 1	0.079 2	0.081 7	0.083 7	0.085 3	0.088 2	0.093 1
9.6	0.053 3	0.057 7	0.061 4	0.064 5	0.067 2	0.069 6	0.073 4	0.076 5	0.078 9	0.080 9	0.082 5	0.085 5	0.090 5
10.0	0.051 4	0.055 6	0.059 2	0.062 2	0.064 9	0.067 2	0.071 0	0.073 9	0.076 3	0.078 3	0.079 9	0.082 9	0.088 0
10.4	0.049 6	0.053 7	0.057 2	0.060 1	0.062 7	0.064 9	0.068 6	0.071 6	0.073 9	0.075 9	0.077 5	0.080 4	0.085 7
10.8	0.047 9	0.051 9	0.055 3	0.058 1	0.060 6	0.062 8	0.066 4	0.069 3	0.071 7	0.073 6	0.075 1	0.078 1	0.083 4

z/b \ l/b	1.0	1.2	1.4	1.6	1.8	2.0	2.4	2.8	3.2	3.6	4.0	5.0	10.0
11.2	0.046 3	0.050 2	0.053 5	0.056 3	0.058 7	0.060 9	0.064 4	0.067 2	0.069 5	0.071 4	0.073 0	0.075 9	0.081 3
11.6	0.044 8	0.048 6	0.051 8	0.054 5	0.056 9	0.059 0	0.062 5	0.065 2	0.097 5	0.069 4	0.070 9	0.073 8	0.079 3
12.0	0.043 5	0.047 1	0.050 2	0.052 9	0.055 2	0.057 3	0.060 6	0.063 4	0.065 6	0.067 4	0.069 0	0.071 9	0.077 4
12.8	0.040 9	0.044 4	0.047 4	0.049 9	0.052 1	0.054 1	0.057 3	0.059 9	0.062 1	0.063 9	0.065 4	0.068 2	0.073 9
13.6	0.038 7	0.042 0	0.044 8	0.047 2	0.049 3	0.051 2	0.054 3	0.059 9	0.058 9	0.060 7	0.062 1	0.064 9	0.070 7
14.4	0.036 7	0.039 8	0.042 5	0.044 8	0.046 8	0.048 6	0.051 6	0.054 0	0.056 1	0.057 7	0.062 1	0.061 9	0.067 7
15.2	0.034 9	0.037 9	0.040 4	0.042 6	0.044 6	0.046 3	0.049 2	0.051 5	0.053 5	0.055 1	0.059 2	0.059 2	0.065 0
16.0	0.033 2	0.036 1	0.038 5	0.040 7	0.042 5	0.044 2	0.046 9	0.049 2	0.051 1	0.052 7	0.054 0	0.056 7	0.062 5
18.0	0.029 7	0.032 3	0.034 5	0.036 4	0.038 1	0.039 6	0.042 1	0.044 2	0.046 0	0.047 5	0.048 7	0.051 2	0.057 0
20.0	0.026 9	0.029 2	0.031 2	0.033 0	0.034 5	0.035 9	0.038 3	0.040 2	0.041 8	0.043 2	0.044 4	0.046 8	0.052 4

注:l——基础的长边;b——基础的短边;z——计算点至基础底面的垂直距离,m。

（1）$\overline{E_s}$ 为沉降计算深度范围内压缩模量的当量值,按下式计算:

$$\overline{E_s} = \frac{\sum A_i}{\sum \dfrac{A_i}{E_{si}}} \qquad (3\text{-}19)$$

式中,A_i 为第 i 层土附加应力系数沿土层厚度的积分值,按下式计算:

$$A_i = p_0(z_i \overline{\alpha_i} - z_{i-1} \overline{\alpha_{i-1}}) \qquad (3\text{-}20)$$

（2）f_{ak} 为地基承载力特征值。

2. 地基沉降计算深度

（1）存在相邻建筑物时

《建筑地基基础设计规范》规定,当存在相邻建筑物影响时,沉降计算深度 z_n 由下式确定:

$$\Delta S'_n \leqslant 0.025 \sum_{i=1}^{n} \Delta S'_i \qquad (3\text{-}21)$$

式中 $\Delta S'_n$——在自试算深度 z 处往上取 Δz 厚度范围内土层的压缩量(包括考虑相邻荷载的影响),Δz 的取值按表 3-6 确定;

$\Delta S'_i$——在计算深度范围内,第 i 层土的计算变形值。

如确定的沉降计算深度下部仍有较软弱土层,应继续往下进行计算,同样至满足式(3-21)为止。

表 3-6 Δz 的取值

b/m	$b\leqslant 2$	$2<b\leqslant 4$	$4<b\leqslant 8$	$8<b\leqslant 15$	$15<b\leqslant 30$	$b>30$
$\Delta z/\text{m}$	0.3	0.6	0.8	1.0	1.2	1.5

（2）无相邻荷载影响时

当无相邻荷载影响,基础宽度在 $1\sim 50$ m 范围内时,地基沉降计算深度也可按以下简化公式计算:

$$z_n = b(2.5 - 0.4\ln b) \qquad (3\text{-}22)$$

式中 b——基础宽度,m。

在计算深度范围内存在基岩时,z_n 取至基岩表面;当存在较厚的坚硬黏土层,其孔隙比小于 0.5、压缩模量大于 50 MPa,或者存在较厚的密实砂卵石层,其压缩模量大于 80 MPa 时,z_n 可取至该层土表面。

3. 规范推荐法计算步骤

(1)计算基底附加压力 p_0

基底附加压力为:

$$p_0 = p - \gamma_m b$$

(2)确定基础沉降计算深度 z_n

① 有相邻荷载影响时,按式(3-21)确定。

② 无相邻荷载影响时(如独立柱基),按式(3-22)确定。

(3)地基土分层

在基础计算深度范围内,将地基土按不同压缩性分层,分层原则为:

① 天然土层界面为分层面(一种土一层)。

② 地下水位面是分层面。

(4)计算各层土的压缩量 $\Delta S'_i$

根据计算的 l/b 及 z_i/b 值,查取每层土的平均附加应力系数 $\overline{\alpha_i}$、$\overline{\alpha_{i-1}}$ 后按式(3-17)确定每层土的压缩沉降量。

(5)计算地基的最终沉降量

先确定沉降计算深度范围内土的压缩模量当量值 $\overline{E_s}$,由土的压缩模量当量值及基底附加压力值从表 3-4 中查取沉降计算经验系数 Ψ_s,然后按式(3-18)计算基础的最终沉降量。

【例 3-2】 已知某矩形基础,底面尺寸为 4.8 m×3.2 m,埋深为 1.5 m,传至地面的中心荷载 $F_k = 1\ 800$ kN,地基的土层分层及各层土的侧限压缩模量如图 3-9 所示,持力层的地基承载力为 $f_{ak} = 180$ kPa,用规范推荐法计算基础中点的最终沉降量。

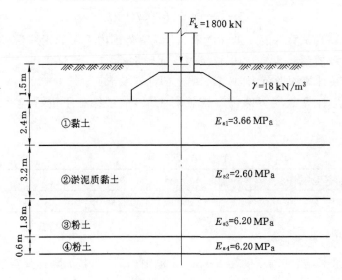

图 3-9　例 3-2 图

解 （1）计算基底附加压力。由于中心荷载作用,故基底附加压力为:

$$p_0 = \frac{F_k + G_k}{A} - \gamma d = \left(\frac{1\,800 + 4.8 \times 3.2 \times 20}{4.8 \times 3.2} - 1.8 \times 1.5\right) = 110 \text{ (kPa)}$$

（2）取计算深度为 8 m,计算过程见表 3-7,计算沉降量为 123.4 m。

表 3-7　　　　　　　　　应力面积法计算地基最终沉降

z/m	l/b	z/b	$\overline{\alpha_i}$	$z_i\overline{\alpha_i}$	$z_i\overline{\alpha_i} - z_{i-1}\overline{\alpha_{i-1}}$	E_{si}/MPa	$\dfrac{p_0}{E_{si}}(z_i\overline{\alpha_i} - z_{i-1}\overline{\alpha_{i-1}})$ /mm	$\sum\limits_{i=1}^{n} \Delta S'_i$
0.0	1.5	0.00	1.000 0	0.000				
2.4	1.5	1.50	0.843 2	2.024	2.024	3.66	60.8	60.8
5.6	1.5	3.50	0.556 8	3.118	1.094	2.60	46.3	107.1
7.4	1.5	4.63	0.458 0	3.389	0.271	6.20	4.8	111.9
8.0	1.5	5.00	0.432 0	3.456	0.067	6.20	1.2	113.1

（3）确定沉降计算深度 z_n。根据 $b=3.2$ m,查表 3-6 可得 $\Delta z=0.6$ m,相应于往上取 Δz 厚度范围（即 7.4～8.0 m 深度范围）的土层计算沉降量为 1.2 mm $\leqslant 0.025 \times 113.1 = 2.83$ mm,满足要求,故沉降计算深度可取为 8 m。

（4）确定修正系数 Ψ_s。

$$\overline{E_s} = \frac{\sum A_i}{\sum \dfrac{A_i}{E_{si}}}$$

$$= \frac{p_0(z_n\overline{\alpha_n} - 0 \times \overline{\alpha_0})}{p_0\left[\dfrac{(z_1\overline{\alpha_1} - z_0\overline{\alpha_0})}{E_{s1}} + \dfrac{(z_2\overline{\alpha_2} - z_1\overline{\alpha_1})}{E_{s2}} + \dfrac{(z_3\overline{\alpha_3} - z_2\overline{\alpha_2})}{E_{s3}} + \dfrac{(z_4\overline{\alpha_4} - z_3\overline{\alpha_3})}{E_{s4}}\right]}$$

$$= \frac{p_0 \times 3.456}{p_0\left[\dfrac{2.204}{3.66} + \dfrac{1.904}{2.60} + \dfrac{0.271}{6.20} + \dfrac{0.067}{6.20}\right]} = 2.58 \text{ (MPa)}$$

由于 $p_0 \leqslant 0.75 f_{ak} = 135$ kPa,查表得 $\Psi_s = 1.09$。

（5）计算基础中心点最终沉降量。

$$S = \Psi_s S' = \Psi_s \sum_{i=1}^{n} \frac{p_0}{E_{si}}(z_i\overline{\alpha_i} - z_{i-1}\overline{\alpha_{i-1}}) = 1.09 \times 113.1 = 123.3 \text{ (mm)}$$

三、分层总和法与规范推荐法的比较

现将分层总和法和规范推荐法从计算原理、计算结果与实测值的关系以及沉降计算深度等角度进行比较,具体见表 3-8。

表 3-8 两种地基沉降计算方法比较

项目	分层总合法	规范推荐法
计算原理	分层计算沉降后再叠加,物理概念明确	采用附加应力面积系数法
计算公式	$S = \sum_{i=1}^{n} \dfrac{(e_{1i}-e_{2i})H_i}{1+e_{1i}} = \sum_{i=1}^{n} \dfrac{\overline{\sigma_{zi}}}{E_{si}} H_i$	$S = \Psi_s S' = \Psi_s \sum_{i=1}^{n} \dfrac{p_0}{E_{si}} (z_i\,\overline{\alpha_i} - z_{i-1}\,\overline{\alpha_{i-1}})$
计算结果与实测值关系	① 软弱地基:计算结果小于实测值; ② 中等地基:计算结果约等于实测值; ③ 坚实地基:计算结果大于实测值	引入沉降计算经验系数 Ψ_s,使计算结果与实测值更接近
沉降计算深度 z_n	① 一般土 $\sigma_s \leqslant 0.2\sigma_{cx}$; ② 软弱土 $\sigma_s \leqslant 0.1\sigma_{cx}$	① 有相邻荷载影响:$\Delta S'_n \leqslant 0.025 \sum_{i=1}^{n} \Delta S'_i$; ② 无相邻荷载影响:$z_n = b(2.5-0.4\ln b)$
计算工作量	① 计算并绘制土的自重应力曲线; ② 计算并绘制土的附加应力曲线; ③ 计算每层土厚度 $h \leqslant 0.4b$ 的沉降,计算工作量大	引入平均附加应力系数,以天然土层和地下水位为分界面,若为均质土,无论厚度多大,只一次计算,快捷方便

四、用原位压缩曲线计算最终沉降

1. 土层的应力历史

如前所述,根据室内的压缩试验可绘出反映土体压缩性质的 e-p 曲线及 e-$\lg p$ 曲线,根据 e-p 曲线可计算土层变形量,根据 e-$\lg p$ 曲线同样也能计算。因为土层在历史上所受到的应力不相同,在相同压力作用下产生的变形也不相同。下面首先讨论土层的应力历史。

天然土层在历史上所经受的最大固结压力(指土体在固结过程中所受到的最大有效压力),称为先(前)期固结压力。通常用先期固结压力与土层现在所受压力进行比较,将土层分为三种情况:① 土层在历史上所受到的先期固结压力等于现有上覆土重时,称为正常固结土;② 土层在历史上所受到的先期固结压力大于现有上覆土重时,称为超固结土;③ 土层在历史上所受到的先期固结压力小于现有上覆土重时,称为欠固结土。图 3-10(a)表示 A 类土层是逐渐沉积到现在地面的,由于土体的这段形成过程是漫长的,在土体自重应力作用下已经达到了固结稳定状态,其先期固结压力 p_c 等于现有的覆盖土的自重应力 $p_1 = \gamma h$,所以称 A 类土为正常固结土。图 3-10(b)表示 B 类土层在历史上曾有过相当厚的上覆土层,在上覆土层产生的自重应力作用下也已压缩稳定,图中表示出了当时沉积层的地表,后来由于流水、冰川(或人类活动)等的剥蚀作用而形成现在的地表,因此先期固结压力 $p_c = \gamma h_c$(h_c 为土层被剥蚀前地表下的计算点深度)超过了现有的土体的自重应力 $p_1 = \gamma h$($h_c > h$),所以 B 类土是超固结土,而土层先期固结压力 p_c 与土层现有自重应力 p_1 之比称为超固结比(OCR)。OCR 越大说明土的超固结作用越大。图 3-10(c)表示 C 类土层和 A 类土层一样是逐渐沉积到现在地面的,所不同的是这种沉积速度较快,或土层的渗透性很差,在自重应力作用下没有达到固结稳定状态。

图 3-10(c)中表示出了固结稳定后现在地面将下沉的位置(虚线位置),在这种情况下,C 类土孔隙中多余的水分还未完全排出,土体的自重由土颗粒和孔隙水两部分承担着,因此,C 类土的先期固结压力(土颗粒承担的部分)p_c 还小于现有土体自重应力 p_1,所以 C 类

土是欠固结土。

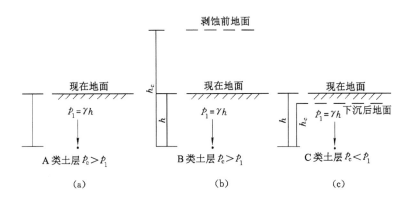

图 3-10　土层应力历史情况

2. 基础沉降计算

按 e-lg p 曲线计算基础沉降与 e-p 曲线法一样,都是假定地基只产生单向变形,采用侧限压缩试验结果推导的公式,并采用分层总和法进行的。下面分别介绍正常固结土、欠固结土和超固结土的计算方法。

(1) 正常固结土的沉降计算

公式的推求方法可参照 e-p 曲线法进行:

$$S_i = \frac{h_i}{1 + e_{0i}} C_{ci} \lg \left(\frac{p_{1i} + \Delta p_i}{p_{1i}} \right)$$ (3-23)

$$S = \sum_{i=1}^{n} S_i = \sum_{i=1}^{n} \frac{h_i}{1 + e_{0i}} C_{ci} \lg \left(\frac{p_{1i} + \Delta p_i}{p_{1i}} \right)$$ (3-24)

式中　n——分层数;

e_{0i}——第 i 层土的初始孔隙比;

h_i——第 i 层的厚度,m;

C_{ci}——由现场原始压缩曲线确定的第 i 层土的压缩指数;

p_{1i}——第 i 层土的平均自重应力(kPa),$p_{1i} = \dfrac{\sigma_{czi} + \sigma_{cz(i-1)}}{2}$;

Δp_i——第 i 层土的平均附加应力(kPa),$\Delta p_i = \dfrac{\sigma_{zi} + \sigma_{z(i-1)}}{2}$。

(2) 欠固结土的沉降计算

对于欠固结土,由于在土的自重作用下还没有达到完全固结稳定,其土层已受到的固结压力(即先期固结压力)p_c 小于现有的自重应力 p_1,故其沉降不仅仅是由地基附加应力引起的,而且还包括在自重应力作用下尚未完成的固结变形在内。因此,可近似地按照正常固结土的现场原始压缩曲线计算欠固结土在自重应力作用下继续固结的那一部分沉降与附加应力产生的沉降之和,公式为:

$$S = \sum_{i=1}^{n} \frac{h_i}{1 + e_{0i}} C_{ci} \lg \left(\frac{p_{1i} + \Delta p_i}{p_{ci}} \right)$$ (3-25)

式中 p_{ci}——第 i 层土的先期固结压力(kPa),小于土的自重应力 p_{1i};

其他符号含义同前。

正常固结土与欠固结土的计算可参照图 3-11 和图 3-12。

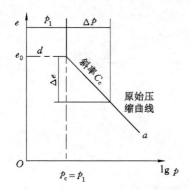 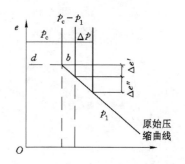

图 3-11　正常固结土的压缩过程　　　　图 3-12　欠固结土的压缩过程

（3）超固结土的沉降计算

计算超固结土的沉降时,应由现场原始再压缩曲线和现场原始压缩曲线分别确定出压缩指数 C_{c1} 和 C_{c2}。

第一种情况:分层的平均附加应力 Δp 小于(p_c-p_1),土层在这种压力增量作用下,孔隙比的减小是沿现场再压缩曲线进行的,其计算公式为:

$$S_i = \frac{h_i}{1+e_{0i}} C_{c1i} \lg\left(\frac{p_{1i}+\Delta p_i}{p_{1i}}\right) \tag{3-26}$$

$$S = \sum_{i=1}^{n} S_i = \sum_{i=1}^{n} \frac{h_i}{1+e_{0i}} C_{c1i} \lg\left(\frac{p_{1i}+\Delta p_i}{p_{1i}}\right) \tag{3-27}$$

第二种情况:分层的平均附加应力 Δp 等于(p_c-p_1),在这种附加应力作用下,基本同第一种情况,其计算公式为:

$$S_i = \frac{h_i}{1+e_{0i}} C_{c1i} \lg\left(\frac{p_{1i}+\Delta p_i}{p_{1i}}\right) = \frac{h_i}{1+e_{0i}} C_{c1i} \lg\frac{p_{ci}}{p_{1i}} \tag{3-28}$$

$$S = \sum_{i=1}^{n} S_i = \sum_{i=1}^{n} \frac{h_1}{1+e_{0i}} C_{c1i} \lg\frac{p_{ci}}{p_{1i}} \tag{3-29}$$

第三种情况:分层的平均附加应力 Δp 大于(p_c-p_1),在这种压力增量作用下,孔隙比的减小首先发生在土层现场原始压缩曲线段,之后又发生在现场原始压缩曲线段,计算公式为:

$$S_i = \frac{h_i}{1+e_{0i}} \left[C_{c1i} \lg\left(\frac{p_{ci}}{p_{1i}}\right) + C_{c2i} \lg\left(\frac{p_{1i}+\Delta p_i}{p_{ci}}\right) \right] \tag{3-30}$$

$$S = \sum_{i=1}^{n} S_i = \sum_{i=1}^{n} \frac{h_i}{1+e_{0i}} \left[C_{c1i} \lg\left(\frac{p_{ci}}{p_{1i}}\right) + C_{c2i} \lg\left(\frac{p_{1i}+\Delta p_i}{p_{ci}}\right) \right] \tag{3-31}$$

应该说明,计算土层中可能三种情况同时存在[即 $\Delta p<(p_c-p_1)$, $\Delta p=(p_c-p_1)$, $\Delta p>(p_c-p_1)$],此时可根据各分层的不同情况,分别按照式(3-26)、式(3-28)、式(3-30)计算其沉降量,最后叠加即可。超固结土的沉降计算可参照图 3-13。

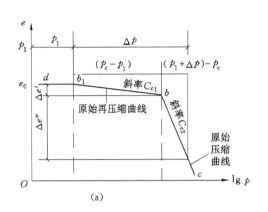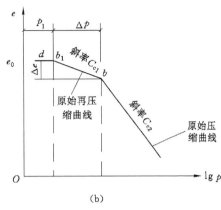

图 3-13 超固结土的压缩过程

【例 3-3】 某建筑场地有一厚度为 2 m 的超固结黏土层,经室内压缩试验测得其先期固结压力为 $p_c=300$ kPa。该土层平均垂直自重应力为 100 kPa,建筑荷载在该层产生的平均垂直向附加应力为 100 kPa。工程勘察报告还提供黏土层的压缩指数 $C_{c1}=0.1$,$C_{c2}=0.4$,初始孔隙比 $e_0=0.7$。(1) 试求计算黏土层的变形量;(2) 若平均附加应力增至 200 kPa,计算黏土层的变形量;(3) 若黏土层的平均附加应力增至 300 kPa,计算该土层的变形量。

解 (1) 自重应力 100 kPa,附加应力 100 kPa,$p_1=\Delta p=100+100=200$ (kPa),即:

$$p_1+\Delta p < p_c=300 \text{ kPa}$$

按式(3-26)计算:

$$S = \frac{h_i}{1+e_0}C_{ci}\lg\left(\frac{p_1+\Delta p}{p_1}\right) = \frac{200 \times 0.1}{1+0.7}\lg\frac{100+100}{100} = 3.5 \text{ (cm)}$$

(2) 自重应力 100 kPa,附加应力 200 kPa,$p_1+\Delta p=100+200=300$ (kPa),即:

$$p_1+\Delta p = p_c=300 \text{ kPa}$$

按式(3-28)计算:

$$S = \frac{h_i}{1+e_0}C_{ci}\lg\frac{p_c}{p_1} = \frac{200 \times 0.1}{1+0.7}\lg\frac{300}{100} = 5.6 \text{ (cm)}$$

(3) 自重应力 100 kPa,附加应力 300 kPa,$p_1+\Delta p=100+300=400$ (kPa),即:

$$p_1+\Delta p > p_c=300 \text{ (kPa)}$$

按式(3-30)计算:

$$S = \frac{h_i}{1+e_0}\left[C_{c1}\lg\left(\frac{p_c}{p_1}\right) + C_{c2}\lg\left(\frac{p_1+\Delta p}{p_c}\right)\right]$$

$$= \frac{200}{1+0.7}\left[0.1 \times \lg\frac{300}{100} + 0.4 \times \lg\left(\frac{100+300}{300}\right)\right]$$

$$= 11.5 \text{ (cm)}$$

第三节 土的渗透性

一、土的渗透性

土作为水土建筑物的地基或直接把它用作水土建筑物的材料时,水就会在水头差作用

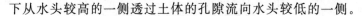

下从水头较高的一侧透过土体的孔隙流向水头较低的一侧。

所谓渗透,是指在水头差作用下,水透过土体孔隙的现象。

所谓渗透性,是指土允许水透过的性能。

水在土体中渗透,一方面会造成水量损失,影响工程效益;另一方面将引起土体内部应力状态的变化,从而改变水土建筑物或地基的稳定条件,甚至还会酿成破坏事故。此外,土的渗透性的强弱,对土体的固结、强度以及工程施工都有非常重要的影响。

二、达西定律

土的渗透性与什么有关呢? 早在 1856 年,法国学者达西(Darcy)根据砂土渗透试验,发现水的渗透速度与试样两断面间的水头差成正比,而与相应的渗透路径成反比。于是他把渗透速度表示为:

$$v = k\frac{h}{L} = ki \tag{3-32}$$

或渗流量表示为:

$$q = vA = kiA \tag{3-33}$$

式中　　v——渗透速度,m/s;

　　　　h——试样两端的水头差,m;

　　　　L——渗透路径,m;

　　　　i——水力梯度,无因次,$i = h/L$;

　　　　k——渗透系数(m/s),其物理意义是当水力梯度 $i = 1$ 时的渗透速度;

　　　　q——渗流量,m^3/s;

　　　　A——试样截面积,m^2。

这就是著名的达西定律。

由于土中的孔隙一般非常微小,在多数情况下水在孔隙中流动时的黏滞阻力很大、流速缓慢,因此,其流动状态大多属于层流(即水流线互相平行流动)范围。此时土中水的渗流规律符合达西定律,所以达西定律也称层流渗透定律。但是发生在黏性很强的致密黏土中,不少学者对原状黏土所进行的试验表明这类土的渗透特征也偏离达西定律,如图 3-14 所示。

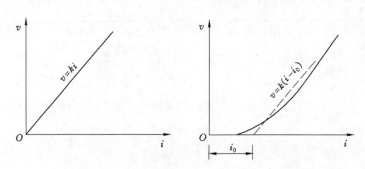

图 3-14　土的渗透速度 v 与水力梯度 i 的关系

由达西定律可知,当 $i = 1$ 时 $v = k$,即土的渗透系数就是水力梯度等于 1 时的渗透速度。k 值的大小反映了土渗透性的强弱,k 越大,土的渗透性也越大。土颗粒越粗,k 也越大。k 值是土力学中一个较重要的力学指标,但不能由计算求出,只能通过试验直接测定。

渗透系数的测定可以分为现场试验和室内试验两大类。一般讲,现场试验比室内试验得到的结果更准确可靠。因此,对于重要工程常需进行现场测定。现场试验常用野外井点抽水试验。室内试验测定土的渗透系数的方法较多,就原理来说可分为常水头试验和变水头试验两种。

三、测定渗透系数的室内试验

1. 常水头试验

常水头试验的原理如图 3-15(a)所示,适用于透水性较大的土(无黏性土),它在整个试验过程中水头保持不变。如果试样截面积为 A,长度为 L,试验时水头差为 h,用量筒和秒表测得在时间 t 内流经试样的水量 $Q(\mathrm{m}^3)$,则根据达西定理可得:

$$Q = qt = vAt = kiAt = k\frac{h}{L}At \tag{3-34}$$

因此,土的渗透系数为:

$$k = \frac{QL}{Aht} \tag{3-35}$$

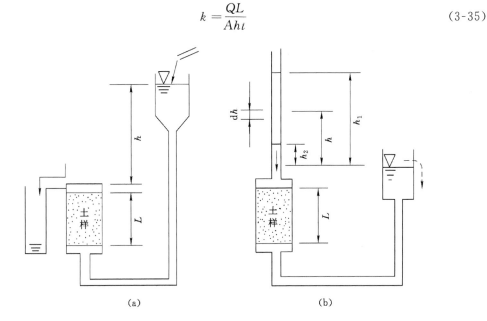

图 3-15　室内渗透试验

(a) 常水头试验;(b) 变水头试验

2. 变水头试验

变水头试验适用于透水性较差的黏性土。黏性土由于渗透系数很小,流经试样的水量很少,难以直接准确量测,因此采用变水头试验法。变水头试验法在整个试验过程中,水头是随时间而变化的。试验装置如图 3-15(b)所示,试样一端与细玻璃管相连,在试验过程中测出某一段时间内细玻璃管水位的变化,就可根据达西定律求出渗透系数 k。

设玻璃细管过水截面积为 a,土样截面积为 A,长度为 L,试验开始后任意时刻土样的水头差为 h,经 $\mathrm{d}t$ 时间,管内水位下落 $\mathrm{d}h$,则在 $\mathrm{d}t$ 时间内流经试样的水量为:

$$\mathrm{d}Q = -a\,\mathrm{d}h \tag{3-36}$$

经过推导即可得到土的渗透系数为:

$$k = \frac{aL}{A(t_2 - t_1)} \ln\left(\frac{h_1}{h_2}\right) \approx 2.3 \frac{aL}{A(t_2 - t_1)} \lg\left(\frac{h_1}{h_2}\right) \tag{3-37}$$

式(3-37)中的 a、L、A 为已知,试验时只要测出与时刻 t_1 和 t_2 对应水头 h_1 和 h_2 就可以求出土的渗透系数 k。各种土常见的渗透系数 k 值见表3-9。

表 3-9 土的渗透系数 k 值范围

土的类型	渗透系数 $k/(\text{cm/s})$
砾石、粗砂	$10^{-1} \sim 10^{-2}$
中砂	$10^{-2} \sim 10^{-3}$
细砂、粉砂	$10^{-3} \sim 10^{-4}$
粉土	$10^{-4} \sim 10^{-6}$
粉质黏土	$10^{-6} \sim 10^{-7}$
黏土	$10^{-7} \sim 10^{-10}$

四、渗透力和渗透变形

渗流所引起的变形(稳定)问题一般可归结为两类:一类是土体的局部稳定问题,这是由于渗透水流将土体中的细颗粒冲出、带走,或局部土体产生移动,导致土体变形所引起的渗透变形;另一类是整体稳定问题,即在渗流作用下,整个土体发生滑动或坍塌。

1. 渗透力

水在土体中流动时,将会引起水头的损失,而这种损失是由于水在土体孔隙中流动时,水拖拽土粒时而消耗能量的结果。我们将渗透水流施于单位土体内土粒上的拖拽力称为渗透力。渗透力 j 可表示为:

$$j = \gamma_w i \tag{3-38}$$

式中 γ_w ——水的重度,kN/m^3;

i ——水力梯度。

2. 渗透变形

土工建筑及地基由于渗透作用而出现的破坏称为渗透变形或渗透破坏。按照渗透水流所引起的局部破坏的特征,渗透变形可分为流土和管涌两种基本形式。但就土本身性质来说,只有管涌和非管涌之分。

(1) 流土

流土是指在向上渗流作用下,局部土体表面隆起,或者颗粒群同时移动而流失的现象。它主要发生在地基或土坝下游渗流溢出处。基坑或渠道开挖时所出现的流砂现象就是流土的一种常见形式。

一般说来,任何类型的土,只要临界坡降达到一定的大小,都会发生流土破坏。

临界水力坡降是指当竖向渗透力等于土体的有效重量即 $\gamma' = j$ 时,土体就处于流土的临界状态。若设这时的水力坡降为 i,则可求得:

$$i_{cr} = \frac{G_s - 1}{1 + e} \tag{3-39}$$

只要求出临界水力坡降和在渗流的溢出处的水力坡降,就可判别是否有流土的可能性:

① 当 $i < i_{cr}$ 时,土体处于稳定状态;

② 当 $i = i_{cr}$ 时,土体处于临界状态;

③ 当 $i > i_{cr}$ 时,土体处于流土状态。

（2）管涌

管涌是指在渗流作用下土体中的细颗粒在粗颗粒形成的孔隙道中发生移动并被带走的现象。管涌的形成主要决定于土本身的性质,对于某些土,即使在很大的水力坡降下也不会出现管涌,而对于另一些土(如缺乏中间粒径的砂砾料)却在不大的水力坡降下就可以发生管涌。

管涌破坏一般有个发展过程,是一种渐进性质的破坏,一般发生在无黏性土中,黏性土中不会发生。土是否发生管涌,首先决定于土的性质。一般黏性土(分散性土例外),只会发生流土而不会发生管涌,故属于非管涌土。

无黏性土中产生管涌必须具备下列两个条件:

① 几何条件:土中粗颗粒所构成的孔隙直径必须大于细颗粒的直径,这样才可能让细颗粒在其中移动,这是管涌产生的必要条件。对于不均匀系数 $C_u < 10$ 的较均匀土,颗粒粗细相差不多,粗颗粒形成的孔隙直径不比细颗粒大,因此,细颗粒不能在孔隙中移动,也就不可能发生管涌。

② 水力条件:渗透力能够带动细颗粒在孔隙间滚动或移动是发生管涌的水力条件,所以渗透力可用管涌的水力坡降来表示。但目前,管涌的临界水力坡降的计算方法尚不成熟,国内外研究者提出的计算方法较多,但算得的结果差异较大,故还没有一个被公认的合适的公式。

【例 3-4】 某土样做变水头渗透试验,土样直径为 6.5 cm,长度为 4.0 cm,水头管直径为 1.0 cm,开始水头为 120 cm,经 20 min 后,水头降了 12.5 cm,求渗透系数。

解 土样的横截面积:

$$A = \frac{1}{4}\pi d^2 = \frac{\pi}{4} \times 6.5^2 = 33.18 \ (\text{cm}^2)$$

水头管的横截面积:

$$a = \frac{1}{4}\pi d^2 = \frac{\pi}{4} \times 1.0^2 = 0.785 \ (\text{cm}^2)$$

渗透系数:

$$k = 2.3 \frac{aL}{At} \lg\left(\frac{h_1}{h_2}\right) = \frac{2.3 \times 0.785 \times 4.0}{33.18 \times 20 \times 60} \times \lg\frac{120}{120 - 12.5} = 8.67 \times 10^{-6} (\text{cm/s})$$

第四节　地基沉降与时间的关系

一、饱和土的渗透固结理论

1. 渗透固结

渗透固结是指饱和土随着土中孔隙消散而逐渐压缩的过程,也就是土体在外加压力作用下,孔隙内的水和空气慢慢排出而土体受压缩的过程。目前,工程上都用渗透固结理论来研究饱和土的压缩变形。

2. 两种压力

饱和土体受到外界压力作用时,孔隙中的一部分自由水将随时间而逐渐向外渗流(被挤出),原来全部由孔隙水承担的土中压力一部分逐渐传递给土骨架,剩下的部分仍由孔隙水承担,这种现象叫作骨架和孔隙水的压力分担作用。由骨架承受的压力叫作有效压力,它能使土骨架的形状和体积发生变形,也能使土粒之间在有滑动趋势时产生摩擦,从而使土体具有一定的抗剪强度。另外,由孔隙水承受的压力叫作孔隙水压力。这种压力只能使每个土粒四周受到相同的压强,所以它既不改变土粒的体积,也不改变土粒的位置;它既不能使土体变形,也不能产生抗剪强度。因此,孔隙水压力也叫中性压力。有效压力 σ' 和孔隙水压力 u 之间的关系如下:

$$\sigma = \sigma' + u \tag{3-40}$$

下面用图 3-16 所示的渗透固结模型的受力情况加以说明。模型是由弹簧和具有小孔的活塞组成的容器,容器中盛满水,容器的侧壁装有测压管,以显示容器内水的压力水头。模型中的带孔活塞、弹簧和水分别代表饱和土的排水通道、土骨架和孔隙水。活塞上无压力作用时(略去活塞重量),水和弹簧均未受力,测压管显示静水压力而无压力水头。土产生体积压缩变形的原因是有效应力增大。

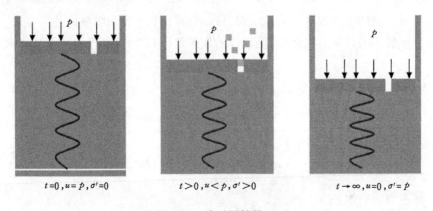

$t=0, u=p, \sigma'=0$ $t>0, u<p, \sigma'>0$ $t \to \infty, u=0, \sigma'=p$

图 3-16　渗透固结模型

二、太沙基单向渗透固结理论

前面介绍的方法确定的地基沉降量,是指地基土在建筑荷载作用下达到压缩稳定后的沉降量。然而,在工程实践中,常常需要预估建筑物完工及一定时间后的沉降量和达到某一沉降所需的时间,这就要求解决沉降与时间的关系问题,下面简单介绍饱和土体以渗流固结理论为基础的沉降与时间的关系。

1. 基本假设

将固结理论模型用于反映饱和黏性土的实际固结问题,其基本假设如下:

(1)土层是均质的、饱和水的。

(2)在固结过程中,土粒和孔隙水是不可压缩的。

（3）土层仅在竖向产生排水固结（相当于有侧限条件）。

（4）土层的渗透系数 k 和压缩系数 α 为常数。

（5）土层的压缩速率取决于自由水的排出速率，水的渗出符合达西定律。

（6）外荷是一次瞬时施加的，且沿深度 z 为均匀分布。

2. 固结微分方程的建立

在饱和土体渗透固结过程中，土层内任一点的孔隙水压力 u 所满足的微分方程称为固结微分方程，如图 3-17 所示。

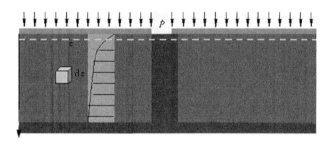

图 3-17　土的渗透固结过程

在黏性土层中距顶面 z 处取一微分单元，长度为 $\mathrm{d}z$，土体初始孔隙比为 e_1，设在固结过程中的某一时刻 t，从单元顶面流出的流量为 $q+\dfrac{\partial^2 q}{\partial z^2}\mathrm{d}z$，则从底面流入的流量将为 q。经过数学推导可得饱和土体单向渗透固结微分方程为：

$$C_\mathrm{v}\frac{\partial^2 u}{\partial z^2}=\frac{\partial u}{\partial t} \tag{3-41}$$

固结微分方程式的解为：

$$u=\frac{4}{\pi}\sigma_z\sum_{m=1}^{\infty}\frac{1}{m}\mathrm{e}^{-\frac{m^2\pi^2}{4}T_\mathrm{v}}\sin\frac{m\pi}{2H}z \tag{3-42}$$

式中　σ——微单元体中的附加应力，(kPa)，在连续均布荷载 p 作用下，$\sigma_z=p$；

$\quad\quad m$——正奇数，取 $1,3,5,7,\cdots$；

$\quad\quad \mathrm{e}$——自然对数的底；

$\quad\quad H$——压缩土层的透水面至不透水面的排水距离（cm），当土层双面排水时，H 取土
层厚度的一半；

$\quad\quad T_\mathrm{v}$——时间因素(a)，$T_\mathrm{v}=\dfrac{C_\mathrm{v}t}{H^2}$；

$\quad\quad C_\mathrm{v}$——竖向渗透固结系数，m^2/a。

$$C_\mathrm{v}=\frac{k(1+e_\mathrm{m})}{\alpha\gamma_\mathrm{w}} \tag{3-43}$$

式中　k——土的渗透系数，m/a；

$\quad\quad e_\mathrm{m}$——饱和黏性土在固结过程中的平均孔隙比；

$\quad\quad \alpha$——土的压缩系数，MPa^{-1}。

三、固结度及其应用

1. 固结度 U_t

在实际工程中,通常利用固结度 U_t 来推算 t 时刻的地基沉降量。固结度就是指地基在承受荷载后的任一时刻 t 的沉降量 S_t 与最终沉降量 S 的比值:

$$U_t = \frac{S_t}{S} \tag{3-44}$$

经过推导,某一时刻的竖向平均固结度为:

$$U_t = 1 - \frac{8}{\pi^2}\left(e^{-\frac{\pi^2}{4}T_v} + \frac{1}{9}e^{-9\frac{\pi^2}{4}T_v} + \cdots\right) \tag{3-45}$$

上式采用第一项已足够精确,即:

$$U_t = 1 - \frac{8}{\pi^2}e^{-\frac{\pi^2}{4}T_v} \tag{3-46}$$

此式给出的 U_t 与 T_v 之间的关系可以用曲线表示。从上式可以看出:土层的平均固结程度是时间因数 T_v 的单值函数,它与所加固结应力的大小无关,但与土层中固结应力的分布有关。

2. 各种不同承载情况下固结度的计算

上面讨论的单面排水饱和黏性土的固结度计算,只适用于所承受的荷载是一次骤然加上去的大面积荷载,由它引起的应力沿土层深度是均匀分布的情况。但是在实际工程中,情况要复杂得多,附加应力往往随深度而变化。为便于计算,将饱和黏性土层实际附加应力的分布情况近似地归纳为下列四种类型(均按单面排水考虑),如图 3-18 所示。

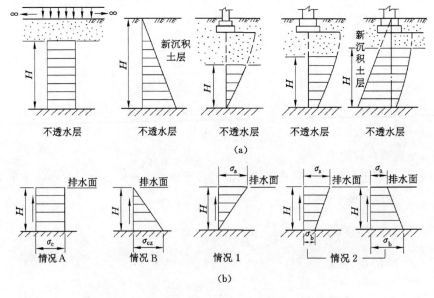

图 3-18 计算地基固结度时各种附加应力的分布情况
(a)实际分布图;(b)简化分布图

(1)情况 A:相当于上面讨论的简单情况,附加应力图形为矩形,根据 T_v 值由表 3-10

直接查得固结度U_A。

表 3-10　　　　　　　　　各种情况下竖向固结度与时间因素 T_v 的关系

T_v	固结度			
	情况 A(U_A)	情况 B(U_B)	情况 1(U_1)	U_A-U_B
0.004	0.080	0.080	0.152	0.072
0.008	0.100	0.016	0.192	0.088
0.012	0.125	0.024	0.226	0.101
0.020	0.160	0.040	0.286	0.120
0.028	0.189	0.056	0.322	0.133
0.036	0.214	0.072	0.352	0.142
0.048	0.247	0.095	0.398	0.152
0.060	0.276	0.120	0.433	0.158
0.072	0.303	0.144	0.462	0.159
0.100	0.353	0.198	0.516	0.155
0.125	0.399	0.244	0.554	0.155
0.167	0.461	0.318	0.605	0.143
0.200	0.504	0.370	0.638	0.134
0.250	0.562	0.443	0.682	0.119
0.300	0.613	0.508	0.719	0.105
0.350	0.658	0.565	0.752	0.093
0.400	0.698	0.615	0.780	0.083
0.500	0.764	0.700	0.829	0.064
0.600	0.816	0.765	0.866	0.051
0.800	0.887	0.857	0.918	0.030
1.000	0.931	0.913	0.949	0.018
2.000	0.994	0.993	0.995	0.001
∞	1.000	1.000	1.000	0.000

　　(2) 情况 B:应力图形为三角形,通过三角形的顶点排水,相当于大面积新沉积土层在自重作用下产生固结的情况,根据 T_v 值由表 3-10 可直接查得固结度 U_B。

　　(3) 情况 1:应力图形为三角形,但通过三角形底面排水,相当于基底压缩层很厚,土层底面附加应力已接近于零的情况,根据 T_v 值由表 3-10 可直接查得固结度 U_1。

　　(4) 情况 2:应力图形为梯形,向上面排水,当应力图形为上大下小时,与情况 1 相似,但底面的附加应力远大于零;当应力图形为上小下大时,相当于在自重应力作用下,尚未固结就在上面建造建筑物。它们的固结度 U_2,可根据 T_v 从表 3-10 中分别查 U_A、U_B,然后按下式计算:

$$U_2 = U_A + \frac{r-1}{r+1} \cdot (U_A - U_B) \tag{3-47}$$

式中,$r=\dfrac{\sigma_a}{\sigma_b}$,其中 σ_a 为梯形应力图形顶面的应力,σ_b 为梯形应力图形底面的应力。

上面四种情况都是单面排水,如果压缩层上、下两面都透水,即可以双面排水时,则不论应力分布属于哪一种情况,固结度值都按 U_A 计算,并在计算时间因素 T_v 的公式中,压缩层厚度只取其总厚度的一半代入计算,即以 $H/2$ 代替 H。

应该指出:有限基础底面下,土层的渗透固结并不是单向的,但一般仍近似地按上述单向渗透固结的方法进行计算。

3. 固结度的应用

有了上述几个公式,就可根据土层中的固结应力、排水条件解决下列两类问题:

(1)已知土层的最终沉降量 S,求某时刻 t 的沉降 S_t。

(2)已知土层的最终沉降量 S,求土层到达某一沉降 S_t 时,所需的时间 t。

四、沉降与时间关系曲线的修正

假定施工期间荷载随时间增加是线性的,完工后,荷载不再增加,成为常数。

修正原则:渐增荷载由零增加到 p_1,经过时间 t_1 所产生的沉降量等于突加荷载 p_1 经过 $t_1/2$ 时间所产生的沉降量,如图 3-19 所示。

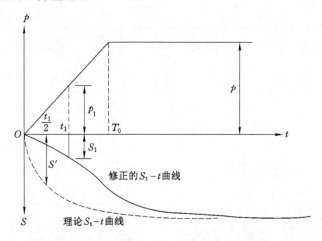

图 3-19   沉降曲线的修正

【例 3-5】 某饱和黏土层的厚度为 10 m,在大面积(20 m×20 m)荷载 $p_0=120$ kPa 作用下,该土层的孔隙比 $e_m=1.0$,压缩系数 $\alpha_{1-2}=0.3$ MPa^{-1},渗透系数 $k=18$ cm/a。按黏土层在双面排水条件下分别求:(1)加荷一年时的沉降量;(2)沉降量达 140 mm 所需的时间。

解 (1)求 $t=1$ 时的沉降量。

黏土层的最终沉降量:

$$S=\frac{\alpha}{1+e_m}\sigma_z h=\frac{3\times10^{-4}\times120}{1+1}\times10\ 000=180\ (\text{mm})$$

$$C_v=\frac{k(1+e_m)}{\alpha\gamma_w}=\frac{1.8\times10^{-2}\times(1+1)}{3\times10^{-4}\times10}=12\ (\text{m}^2/\text{a})$$

双面排水:

$$T_v = \frac{C_v t}{H^2} = \frac{12 \times 1}{5^2} = 0.48$$

查表 3-10 得相应的固结度 $U = 75\%$，那么一年后的沉降量为：

$$S_t = S U_A = 0.75 \times 180 = 135 \text{（mm）}$$

（2）求沉降量达 140 mm 所需时间。已知：

$$U_A = \frac{S_t}{S_\infty} = \frac{140}{180} = 0.78$$

查表 3-10 得 $T_v = 0.53$。由于是双面排水，故有：

$$t = \frac{T_v \left(\dfrac{H}{2}\right)^2}{C_v} = \frac{0.53 \times 5^2}{12} = 1.1 \text{（a）}$$

第五节　建筑物沉降观测与地基允许变形值

　　建筑物的荷载作用在地基上将产生附加应力，致使土体产生变形，引起基础沉降，但如果沉降较小，不会影响建筑物的正常使用，也不会引起建筑物的开裂或破坏，这是容许的。相反，如果引起建筑物的开裂、倾斜甚至破坏，或者影响建筑物的正常使用，就成为地基设计必须予以充分考虑的问题。

　　此外，地基设计中所用到的地基变形量往往是通过理论计算得到的数值，尽管在使用时进行了经验修正，却仍与实际的地基变形情况有所差别。因此，对某些建筑物必须进行系统的沉降观测，并规定相应的地基变形容许值，以确保建筑物的正常使用。

一、建筑物沉降观测

　　建筑物沉降观测能反映地基变形的实际情况以及地基变形对建筑物的影响程度。因此，系统的沉降观测资料是验证地基基础设计是否正确、分析地基事故以及判别施工质量的重要依据，也是确定建筑物地基允许变形值的重要资料。此外，通过对沉降计算值与实际观测值的对比，还可以了解现行沉降计算方法的正确性，以改进或发展更符合实际的沉降计算方法。

　　沉降观测主要用于控制地基的沉降量和沉降速率。一般情况下，在竣工后半年到一年的时间里，不均匀沉降发展最快。在正常的情况下，沉降速率会逐渐减慢。如沉降速率减到 0.005 mm/d 以下，可认为沉降趋于稳定，这种沉降称为减速沉降；当出现等速沉降时，可能出现导致地基丧失稳定的危险；当出现加速沉降时，表示地基丧失稳定，应及时采取工程措施，防止建筑物发生工程事故。

　　《建筑地基基础设计规范》规定，以下建筑物应在施工期间及使用期间进行沉降观测：① 地基基础设计等级为甲级的建筑物；② 复合地基或软弱地基上的设计等级为乙级的建筑物；③ 加层、扩建建筑物；④ 受邻近深基坑开挖施工影响或受场地地下水等环境因素变化影响的建筑物；⑤ 需要积累建筑经验或进行设计反分析的工程。

　　1. 水准基点设置

　　水准基点设置在基岩或压缩性较低的土层上，以保证水准点的稳定可靠。水准基点的位置应靠近观测点并在建筑物产生压力的影响范围以外，不受行人车辆碰撞的地点。一个

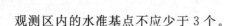

观测区内的水准基点不应少于 3 个。

2. 观测点设置

观测点的设置应能全面反映建筑物的变形,并应结合地质情况进行确定。例如,建筑物角点、沉降缝的两侧,高低层交界处,地基土软硬交界两侧等,数量不应少于 6 个。

3. 观测次数和时间

要求前密后疏。民用建筑每建完一层(应包括地下部分)应观测一次;工业建筑应按不同荷载阶段分次观测,施工期间观测不应少于 4 次。建筑竣工后的观测:第一年不应少于 3 次,第二年不应少于 2 次,以后每年 1 次,直至沉降稳定为止。如遇特殊情况,如突然发生严重裂缝或较大沉降时,应增加观测次数。

沉降观测后,应及时整理资料,算出各点的沉降量、累计沉降量及沉降速率,以便及早处理出现的地基问题。

二、地基变形特征

地基变形的验算要根据建筑物的类型与特点,分析对结构正常使用有主要控制作用的地基变形特征与类型。建筑物和构造物的类型不同,对地基变形的反映也不同,因此要用不同的变形特征加以控制。按其特征地基变形可分为沉降量、沉降差、倾斜和局部倾斜四种。

1. 沉降量

沉降量是指基础中心的沉降量。若建筑物沉降量过大,势必会影响其正常使用。因此,沉降量常作为建筑物地基变形的控制指标之一。

2. 沉降差

沉降差是指相邻两个单独基础的沉降量之差。如建筑物中相邻两个基础的沉降差过大,会使建筑物产生裂缝、倾斜甚至破坏。对于框架结构和排架结构,计算地基变形时根据相邻柱基的沉降差进行。

3. 倾斜

倾斜是指单独基础在倾斜方向两端点的沉降差与水平距离之比。建筑物倾斜过大,将影响其正常使用,当遇到台风或强烈地震时,会危及建筑物整体的稳定性,甚至造成倾覆。对于多层或高层建筑物和高耸结构,计算地基变形时根据倾斜值进行。

4. 局部倾斜

局部倾斜是指砌体承重结构沿纵向 6～10 m,基础两点的下沉值与此两点水平距离之比。若建筑物局部倾斜过大,往往会使砌体结构受弯而拉裂。对于砌体承重结构,计算地基变形时根据局部倾斜值进行。

三、地基允许变形值

建筑物的不均匀沉降除了与地基条件有关之外,还与建筑物本身的刚度和体型等因素有关。因此,建筑物地基允许变形值的确定,要考虑建筑物的结构类型特点、使用要求、上部结构与地基变形的相互作用和结构对不均匀下沉的敏感性以及结构的安全储备等因素。

《建筑地基基础设计规范》根据理论分析、实践经验,结合国内外的各种规范,给出了建筑物的地基变形允许值,见表 3-11。对于表中未包括的建筑物,其地基变形允许值应根据上部结构对地基变形的适应能力和使用要求确定。

表 3-11　　　　　　　　　　　　建筑物的地基变形允许值

变形特征	地基土类别		
	中、低压缩土		高压缩土
砌体承重结构基础的局部倾斜	0.002		0.003
工业与民用建筑相邻柱基的沉降差			
框架结构	$0.002l$		$0.003l$
砌体墙填充的边排柱	$0.0007l$		$0.001l$
当基础不均匀沉降时不产生附加应力的结构	$0.005l$		$0.005l$
单层排架结构(柱距为 6 m)柱基的沉降量/mm	(120)		200
桥式吊车轨面的倾斜(按不调整轨道考虑)	纵向		0.004
	横向		0.003
多层和高层建筑的整体倾斜	$H_g \leqslant 24$		0.004
	$24 < H_g \leqslant 60$		0.003
	$60 < H_g \leqslant 100$		0.0025
	$H_g > 100$		0.002
体型简单的高层建筑基础的平均沉降量/mm	200		
高耸结构基础的倾斜	$H_g \leqslant 20$		0.008
	$20 < H_g \leqslant 50$		0.006
	$50 < H_g \leqslant 100$		0.005
	$100 < H_g \leqslant 150$		0.004
	$150 < H_g \leqslant 200$		0.003
	$200 < H_g \leqslant 250$		0.002
高耸结构基础的沉降量/mm	$H_g \leqslant 100$		400
	$100 < H_g \leqslant 200$		300
	$200 < H_g \leqslant 250$		200

注:1. 本表数值为筑物地基实际最终允许变形值。

　2. 有括号者仅适用于中压缩性土。

　3. l 为相邻柱基的中心距离,mm;H_g 为自室外地面起算的建筑物高度,m。

　4. 倾斜指基础倾斜方向两端点的沉降差与其水平距离的比值。

　5. 局部倾斜指砌体承重结构沿纵向 6～10 m 内基础两点的沉降差与其距离的比值。

拓 展 练 习

1. 表征土的压缩性大小的指标有哪些? 简述测定方法。

2. 试述分层总和法计算地基变形的步骤。

3. 完全饱和土样厚度为 2.0 cm,环刀面积为 50 cm², 压缩实验结束后称出土样质量为 173 g,烘干后质量为 140 g,设土粒比重为 2.72。求:(1)压缩前土重为多少?(2)压缩前、后土样孔隙比改变多少?

4. 用内径为 8.0 cm、高度为 2.0 cm 的环刀取试样,黏土试祥的比重为 2.70,含水率为 40.3%,测出湿土质量为 184 g。在侧限压缩 100 kPa 和 200 kPa 实验压力作用下,试样压缩量分别为 1.4 mm 和 2.0 mm。试计算土样在各级压力作用下的孔隙比和相应的压缩系数、压缩模量。

5. 如图 3-20 所示,黏性土地基的附加应力可简化为直线分布,上、下层面处的附加应力分别为 300 kPa 和 100 kPa,黏性土的压缩资料见表 3-12。试计算黏土层的变形量。

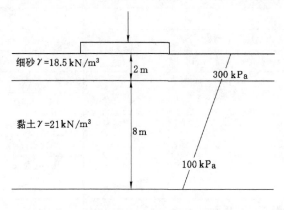

图 3-20 题 5 图

表 3-12 黏性土的压缩资料

p/kPa	50	100	200	300
e	0.800	0.765	0.740	0.730

6. 某饱和黏土层,厚底 10.0 m,孔隙比 $e = 0.80$,压缩系数 $\alpha = 0.25$ MPa^{-1},渗透系数 $k = 2.0$ cm/a,上、下均为砂土层,基底压力在黏土层上、下面处引起的附加压力分别为 200 kPa 和 100 kPa,固结度与时间因数的关系见表 3-13。求:(1) 加荷一年后地基的变形量;(2) 固结度达到 0.8 时所需要的时间。

表 3-13 固结度与时间因数的关系

U_t	0.5	0.6	0.7	0.8	0.9
T_v	0.197	0.290	0.400	0.570	0.850

第四章　土的抗剪强度与地基承载力

【学习目标】　掌握抗剪强度的库仑定律、土的极限平衡条件、测定土的抗剪强度的方法；了解各种地基的破坏形式；掌握地基临塑荷载、临界荷载以及地基承载力的确定和修正方法。

第一节　土的抗剪强度与极限平衡理论

一、抗剪强度的基本概念

土的抗剪强度是指土体对外荷载所产生的剪应力的极限抵抗能力。土体发生剪切破坏时，将沿着其内部某一曲线面（滑动面）产生相对滑动，而该滑动面上的剪应力就等于土的抗剪强度。

外部荷载作用下，土体中的应力将发生变化。当土体中的剪应力超过土体本身的抗剪强度时，土体将沿着其中某一滑裂面滑动，导致土体丧失整体稳定性。所以，土体的破坏通常都是剪切破坏。

在工程建设实践中，基坑和堤坝边坡的滑动［图 4-1(a)］、挡土墙后填土的滑动［图 4-1(b)］、地基失稳［图 4-1(c)］等丧失稳定性的例子是很多的。为了保证土木工程建设中建（构）筑物的安全和稳定，必须详细研究土的抗剪强度和土的极限平衡等问题。

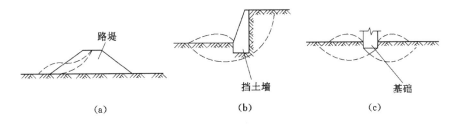

路堤　　挡土墙　　基础

(a)　　　　　(b)　　　　　(c)

图 4-1　土的破坏形式

土体是否达到剪切破坏状态，除了决定于土体本身的性质外，还与它所受的应力组合密切相关。这种破坏时的应力组合关系就称为破坏准则。土的破坏准则是一个十分复杂的问题，目前在生产实践中广泛采用的是莫尔-库仑破坏准则。

测定土的抗剪强度的常用方法有室内的直接剪切试验、三轴压缩试验、无侧限抗压强度试验及原位十字板剪切试验等。

二、库仑公式

1776 年，法国科学家库仑通过一系列砂土剪切试验的结果［图 4-2(a)］提出了的土的抗剪强度表达式，即：

$$\tau_f = \sigma \tan \phi \qquad (4\text{-}1)$$

后来库仑又通过黏性土的试验结果[图 4-2(b)]提出了更为普遍的抗剪强度表达式,即:

$$\tau_f = c + \sigma \tan \phi \qquad (4\text{-}2)$$

式中　τ_f——土的抗剪强度,kPa;

　　　σ——剪切面上的正应力,kPa;

　　　ϕ——土的内摩擦角,(°);

　　　c——土的黏聚力(kPa),对于无黏性土,$c=0$。

式(4-1)和式(4-2)就是反映土的抗剪强度规律的库仑定律,其中 c、ϕ 称为土的抗剪强度指标。该定律表明对一般应力水平,土的抗剪强度与滑动面上的法向应力之间呈直线关系。

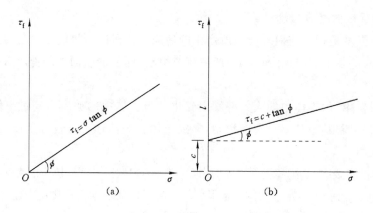

图 4-2　土的抗剪强度与法向应力之间的关系
(a) 无黏性土;(b) 黏性土

对于无黏性土,其抗剪强度仅由粒间的摩阻力($\sigma \tan \phi$)构成;对于黏性土,其抗剪强度由摩阻力($\sigma \tan \phi$)和黏聚力(c)两部分构成。摩阻力包括土粒之间的表面摩阻力和由于土粒之间的互相嵌入而产生的咬合力。因此,抗剪强度的摩阻力除了与剪切面上的法向总应力有关,还与土的原始密度、土粒的形状、表面的粗糙程度以及级配等因素有关。黏聚力主要是由土粒之间的胶结作用和电分子引力等因素形成的,因此,黏聚力通常与土中黏粒含量、矿物成分、含水量、土的结构等因素有关。

砂土的内摩擦角 ϕ 变化范围不是很大,中砂、粗砂、砾砂一般为 $32° \sim 40°$;粉砂、细砂一般为 $28° \sim 36°$。孔隙比越小,ϕ 越大,但是,含水饱和的粉砂、细砂很容易失去稳定性,因此对其内摩擦角的取值宜慎重,有时规定取 $20°$ 左右。砂土有时也有很小的黏聚力(约 10 kPa),这可能是由于砂土中夹有一些黏土颗粒的缘故。

黏性土的抗剪强度指标的变化范围很大,它与土的种类有关,并且与土的天然结构是否破坏、试样在法向压力下的排水固结程度及试验方法等因素有关。内摩擦角的变化范围为 $0° \sim 30°$;黏聚力则可从小于 10 kPa 变化到 200 kPa 以上。

三、土的极限平衡条件

当土中任意点在某一方向的平面上所受的剪应力 τ 达到土体的抗剪强度 τ_f 时,就称该点处于极限平衡状态,即:

$$\tau = \tau_f \tag{4-3}$$

当土中某点可能发生剪切破坏面的位置已经确定时,只要算出作用于该面上的剪应力 τ、c 和正应力 σ,就可以用图解法利用库仑直线直接判别出该点是否会发生剪切破坏。但是,土中某点可能发生剪切破坏面的位置一般不能预先确定。该点往往处于复杂的应力状态,无法利用库仑定律直接判别该点是否会发生剪切破坏。为简单起见,以平面应变为例,现研究该点是否会产生破坏。

如图 4-3(a)所示的地基中任一点 M 的应力状态,可用一微小单元体表示,如图 4-3(b)所示。

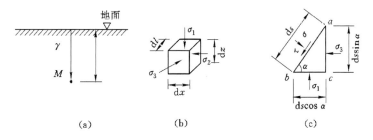

图 4-3　土中一点的应力状态

单元体两个相互垂直的面上分别作用着最大主应力 σ_1 和最小主应力 σ_3,可以由材料力学得到:

$$\genfrac{}{}{0pt}{}{\sigma_1}{\sigma_3} = \frac{\sigma_z + \sigma_x}{2} \pm \sqrt{\left(\frac{\sigma_z - \sigma_x}{2} + \tau_{zx}^2\right)} \tag{4-4}$$

第一主应力平面与 σ_z:

$$\theta = \frac{1}{2}\arctan\frac{2\tau_{xz}}{\sigma_z - \sigma_x} \tag{4-5}$$

取该小单元体为研究对象,如图 4-3(c)所示,与第一主应力平面成 α 角的任一平面上,其应力 σ、τ 可以根据静力平衡条件求得:

$$\sigma = \frac{\sigma_1 + \sigma_3}{2} + \frac{\sigma_1 - \sigma_3}{2}\cos 2\alpha \tag{4-6}$$

$$\tau = \frac{\sigma_1 - \sigma_3}{2}\sin 2\alpha \tag{4-7}$$

土力学中规定,法向应力以压为正、拉为负,剪应力以逆时针为正、顺时针为负。

先消去式(4-6)和式(4-7)中的 α,则得应力圆方程:

$$\left(\sigma - \frac{\sigma_1 + \sigma_3}{2}\right)^2 + \tau^2 = \left(\frac{\sigma_1 - \sigma_3}{2}\right)^2 \tag{4-8}$$

可见,在 σ-τ 坐标平面内,土单元体的应力状态的轨迹将是一个圆,圆心落在 σ 轴上,与

坐标原点的距离为 $\dfrac{\sigma_1+\sigma_3}{2}$，半径为 $\dfrac{\sigma_1-\sigma_3}{2}$，该圆称为莫尔（Mohr）应力圆，如图 4-4 所示。某土单元体的莫尔应力圆一经确定，那么该单元体的应力状态也就确定了。

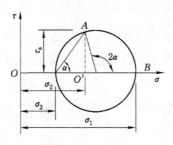

图 4-4　莫尔应力圆

　　土中某点的剪应力如果等于土的抗剪强度时，则该点处在极限平衡状态，此时的应力圆称为莫尔极限应力圆。而某点处于极限平衡状态时的最大主应力和最小主应力之间的关系称为莫尔-库仑破坏准则。

　　若将某点的莫尔应力圆与库仑抗剪强度包线绘于同一坐标系中，如图 4-5 所示，圆与直线的关系有三种情况：

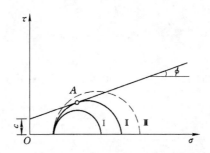

图 4-5　莫尔应力圆与库仑直线的关系

　　（1）应力圆与强度包线相离（圆Ⅰ），即 $\tau < \tau_f$。说明应力圆代表的单元体上各截面的剪应力均小于抗剪强度，所以，该点也处于稳定状态。

　　（2）应力圆与强度包线相割（圆Ⅲ），即 $\tau > \tau_f$，说明库仑直线上方的一段弧所代表的各截面的剪应力均大于抗剪强度，即该点已有破坏面产生，实际上圆Ⅲ所代表的应力状态是不可能存在的，因为该点破坏后，应力已超出弹性范围。

　　（3）应力圆与强度包线在 A 点相切（圆Ⅱ），说明单元体上 A 点对应的截面剪应力刚好等于抗剪强度，即 $\tau = \tau_f$，因此，该点处于极限平衡状态，此时莫尔圆亦称极限应力圆。由此可知，土中一点的极限平衡的几何条件是：库仑直线与莫尔应力圆相切。

　　把莫尔应力圆与库仑强度包线相切的应力状态作为土的破坏准则。根据土体莫尔-库仑破坏准则，建立某点大、小主应力与抗剪强度指标间的关系。

　　图 4-6 表示某一土体单元处于极限平衡状态时的应力条件，抗剪强度线和极限应力圆

相切于 D 点。根据几何关系可得：

$$\sin \phi = \frac{(\sigma_1 - \sigma_3)/2}{c \cdot \cot \phi + \frac{1}{2}(\sigma_1 + \sigma_3)}$$

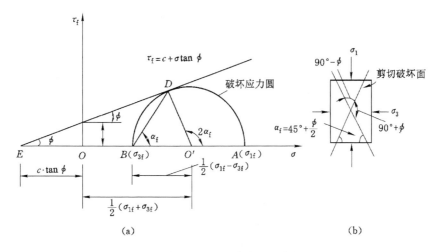

图 4-6　土体达到极限平衡状态的莫尔圆

于是：

$$\frac{\sigma_1 - \sigma_3}{2} = \frac{\sigma_1 + \sigma_3}{2} \sin \phi + c \cdot \cos \phi \qquad (4\text{-}9)$$

整理后可得：

$$\sigma_1 = \sigma_3 \tan^2 \left(45° + \frac{\phi}{2} \right) + 2c \cdot \tan \left(45° + \frac{\phi}{2} \right) \qquad (4\text{-}10)$$

$$\sigma_3 = \sigma_1 \tan^2 \left(45° - \frac{\phi}{2} \right) - 2c \cdot \tan \left(45° - \frac{\phi}{2} \right) \qquad (4\text{-}11)$$

对于无黏性土，$c = 0$，由式(4-10)和(4-11)可得：

$$\sigma_1 = \sigma_3 \tan^2 \left(45° + \frac{\phi}{2} \right) \qquad (4\text{-}12)$$

$$\sigma_3 = \sigma_1 \tan^2 \left(45° - \frac{\phi}{2} \right) \qquad (4\text{-}13)$$

从上述关系式以及图 4-6 可以看到：

(1) 土体剪切破坏时的破坏面不是发生在最大剪应力 $\tau_{\max}$ 的作用面($\alpha = 45°$)上，而是发生在与第一主应力的作用面成 $\alpha = 45° + \phi$ 角的平面上。

(2) 如果同一种土有几个试样在不同的大、小主应力组合下受剪破坏，则在 τ-σ 图上可得到几个莫尔极限应力圆，这些应力圆的公切线就是土的抗剪强度包线。从中可以确定土样的 c、ϕ。三轴剪切试验就是利用该原理，如图 4-7 所示。

(3) 判断土体中一点是否处于极限平衡状态，必须同时掌握大、小主应力以及土的抗剪强度指标的大小及其关系，为式(4-10)～式(4-13)所表达的极限平衡条件。

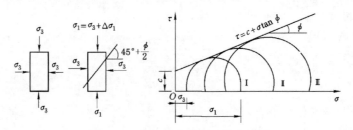

图 4-7　三轴剪切试验的强度包线

已知土单元体 M 实际上所受的应力 σ_{1f}、σ_{3f} 和土的抗剪强度指标 c、ϕ，根据极限平衡条件的关系式(4-10)～式(4-13)，可以判断该土单元体是否产生剪切破坏，如图 4-8 所示。

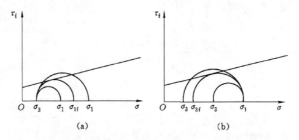

图 4-8　土中某应力状态的判别

将土单元体所受的实际应力 σ_3 和土的抗剪强度指标代入式(4-10)的右侧，求出土处在极限平衡状态时的大主应力，如果计算得到 $\sigma_1 < \sigma_{1f}$，表示土体达到极限平衡状态要求的最大主应力大于实际的最大主应力，则土体处于弹性平衡状态；反之，如果 $\sigma_1 > \sigma_{1f}$，表示土体已经发生剪切破坏。同理，也可以用 σ_{1f} 和 c、ϕ 求出 σ_{3f}，再比较 σ_3 和 σ_{3f} 的大小，以此来判断土体是否发生了剪切破坏。

【例 4-1】　土样内摩擦角 $\phi = 25°$，黏聚力 $c = 24$ kPa，承受最大主应力和最小主应力分别为 $\sigma_1 = 140$ kPa、$\sigma_3 = 30$ kPa，试判断该土样是否达到极限平衡状态。

解　设达到极限平衡状态时所需的最小主应力为 σ_{3f}，则由式(4-11)可得：

$$\sigma_{3f} = \sigma_1 \tan^2 \left(45° - \frac{\phi}{2} \right) - 2c \cdot \tan \left(45° - \frac{\phi}{2} \right)$$

$$= 140 \times \tan^2 \left(45° - \frac{25}{2} \right) - 2 \times 24 \times \tan \left(45° - \frac{25}{2} \right)$$

$$= 26.24 \ (\text{kPa})$$

计算结果表明，在最大主应力 $\sigma_1 = 140$ kPa 的条件下，该点如处于极限平衡状态，则最小主应力应为 $\sigma_{3f} = 26.24$ kPa。现 $\sigma_3 > \sigma_{3f}$，故该土样未破坏，未达到极限平衡状态。

第二节　土的抗剪强度指标的测定

测定土的抗剪强度指标的试验方法主要有室内剪切试验和现场剪切试验两大类，室内剪切试验常用的方法有直接剪切试验、三轴压缩试验和无侧限抗压强度试验等，现场剪切试验常用的方法主要是现场十字板剪切试验。

一、直接剪切试验

直接剪切试验简称直剪试验,它是测定土体抗剪强度指标最简单的方法。直接剪切试验使用的仪器称为直接剪切仪(简称直剪仪),按施加剪力的特点分为应变控制式和应力控制式两种。前者对试样采用等速剪应变测定相应的剪应力,后者则是对试样分级施加剪应力测定相应的剪切位移。两者相比,应变控制式直剪仪具有明显的优点。以我国普遍采用的应变控制式直剪仪为例,其结构如图 4-9 所示,其主要由剪力盒、垂直和水平加载系统及测量系统等部分组成。试样放在盒内上、下两块透水石之间。试验时,由杠杆系统通过加压活塞和透水石对试样施加某一法向应力 σ,然后匀速旋转手轮推动下盒,使试样在沿上、下盒之间的水平面上受剪直至破坏,剪应力 τ 的大小可借助与上盒接触的量力环确定,当土样受剪破坏时,受剪面上所施加的剪应力即为土的抗剪强度 τ_f。对于同一种土至少需要 3 或 4 个土样,在不同的法向应力 σ 下进行剪切试验,测出相应的抗剪强度 τ_f,然后根据 3 或 4 组相应的试验数据可以绘出库仑直线,由此求出土的抗剪强度指标 c、ϕ,如图 4-10 所示。

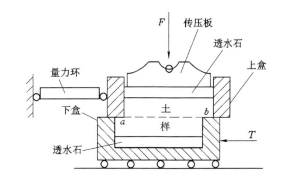

图 4-9　直接剪切仪结构示意图

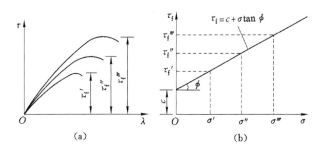

图 4-10　直接剪切试验成果图

(a) 剪应力-剪切位移关系;(b) 抗剪强度-法向应力关系

试验和工程实践都表明土的抗剪强度与土受力后的排水固结状况有关,因而在土工工程设计中所需要的强度指标试验方法必须与现场的施工加荷实际相结合。如软土地基上快速堆填路堤,由于加荷速度快,地基土体渗透性低,则这种条件下的强度和稳定问题是处于不能排水条件下的稳定分析问题,这就要求室内的试验条件能模拟实际加荷状况,即在不能排水的条件下进行剪切试验。但是直剪仪的构造无法做到任意控制土样是否排水的要求，为了在直剪试验中能考虑这类实际需要，可通过快剪、固结快剪和慢剪三种直剪试验方法近似模拟土体在现场受剪的排水条件。

（1）快剪：对试样施加竖向压力后，立即以 0.8 mm/min 的剪切速率快速施加剪应力使试样剪切破坏。一般从加荷到剪坏只用 3～5 min。由于剪切速率较快，可认为对于渗透系数小于 10^{-6} cm/s 的黏性土在这样短暂时间内还没来得及排水固结，得到的抗剪强度指标用 c_q、ϕ_q 表示。

（2）固结快剪：对试样施加压力后，让试样充分排水，待固结稳定后，再以 0.8 mm/min 快速施加水平剪应力使试样剪切破坏。固结快剪试验同样只适用于渗透系数小于 10^{-6} cm/s 的黏性土，得到的抗剪强度指标用 c_{cq}、ϕ_{cq} 表示。

（3）慢剪：对试样施加竖向压力后，让试样充分排水，待固结稳定后，再以 0.6 mm/min 的剪切速率施加水平剪应力直至试样剪切破坏，从而使试样在受剪过程中一直充分排水和产生体积变形，得到的抗剪强度指标用 c_s、ϕ_s 表示。

三种试验方法所得的抗剪强度指标及其库仑直线如图 4-11 所示。三种方法的内摩擦角有如下关系：$\phi_s > \phi_{cq} > \phi_q$，工程中要根据具体情况选择适当的强度指标。

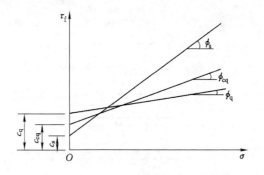

图 4-11 不同试验方法的抗剪强度指标

直剪试验具有设备简单、土样制备及试验操作方便等优点，因而至今仍为国内一般工程所广泛应用。但其也存在不少缺点，主要有以下几点。

（1）剪切面限定在上、下盒之间的平面，而不是沿土样最薄弱的面剪切破坏。

（2）剪切过程中试样内的剪应变和剪应力分布不均匀。试样剪切破坏时，靠近剪力盒边缘的应变最大，而试样中间部位的应变相对小得多。此外，剪切面附近的应变又大于试样顶部和底部的应变。基于同样原因，试样中的剪应力也很不均匀。

（3）在剪切过程中，土样剪切面逐渐缩小，而在计算抗剪强度时仍按土样的原截面积计算。

（4）试验土样的固结和排水是靠加荷速度快慢来控制的，实际无法严格控制排水，也无法测量孔隙水应力。在进行不排水剪切时，试件仍有可能排水，特别是对于饱和黏性土，由于它的抗剪强度受排水条件的影响显著，故若不排水，试验结果不够理想。

（5）试验时上、下盒之间的缝隙中易嵌入砂粒，使试验结果偏大。

【**例 4-2**】 一种黏性较大的土,分别进行快剪、固结快剪和慢剪试验,其试验结果见表4-1,试用绘图法求该土的三种抗剪强度指标。

表 4-1 黏性土试验结果表

	σ/kPa	100	200	300	400
τ_f/kPa	快剪	65	68	70	73
	固结快剪	65	88	111	133
	慢剪	80	129	176	225

解 根据表4-1所列数据,依次绘出三种试验方法的库仑直线,如图4-12所示,各种抗剪强度指标见表4-2。

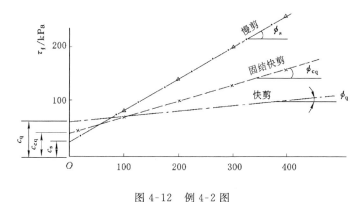

图 4-12 例 4-2 图

表 4-2 直剪试验抗剪强度指标

试验方法	抗剪强度指标	
快剪	$\phi_q=1.5°$	$c_q=62$ kPa
固结快剪	$\phi_{cq}=13°$	$c_{cq}=41$ kPa
慢剪	$\phi_s=27°$	$c_s=28$ kPa

二、三轴压缩试验

1. 三轴压缩试验的基本原理

三轴压缩试验是测定土抗剪强度的一种较为完善的方法。试验所用的仪器为三轴压缩仪,其构造如图4-13所示,其主要由主机、稳压调压系统以及量测系统三部分组成。各系统之间用管路和各种阀门开关连接。主机部分包括压力室、轴向加荷系统等。压力室是三轴压缩仪的主要组成部分,它是一个由金属上盖、底座以及透明有机玻璃圆筒组成的密闭容器。压力室底座通常有三个小孔分别与稳压系统、体积变形和孔隙水压力量测系统相连。稳压调压系统由压力泵、调压阀和压力表等组成。试验时通过压力室对试样周围施加压力,并在试验过程中根据不同的试验要求对压力予以控制或调节,如保持恒压或变化压力等。量测系统由排水管、体变管和孔隙水压力量测装置等组成。试验时分别测出试样受力后土中排出的水量变化以及土中孔隙水压力的变化。对于试样的竖向变形,则利用置于压力室上方的测微表或位移传感器测读。

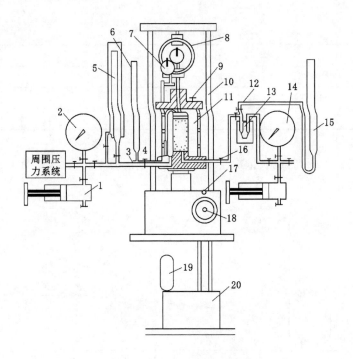

图 4-13 三轴压缩仪构造示意图

1——调压筒;2——周围压力表;3——周围压力阀;4——排水阀;5——体变管;6——排水管;
7——变形量表;8——量力环;9——排气孔;10——轴向加压设备;11——压力室;12——量管阀;
13——零位指示器;14——孔隙压力表;15——量管;16——孔隙压力阀;17——离合器;18——手轮;
19——马达;20——变速箱

常规试验方法的主要步骤如下:将土切成圆柱体套在橡胶膜内,放在密封的压力室中,然后向压力室内注入液压或气压,使试件在各向受到周围压力 σ_3,并使该周围压力在整个试验过程中保持不变,此时土样周围各方向均有压应力 σ_3 作用,因此不产生剪应力。然后通过加压活塞杆施加竖向应力 $\Delta\sigma_1$,并不断增加 $\Delta\sigma_1$,此时水平方向主应力保持不变,而竖向主应力逐渐增大,试件最终受剪破坏。根据量测系统的围压值 σ_3 和竖向应力增量 $\Delta\sigma_1$ 可得到土样破坏时的第一主应力 $\sigma_1 = \sigma_3 + \Delta\sigma_1$,如图 4-14(a)、(b)所示。由此可绘出破坏时的极限莫尔应力圆,该圆应该与库仑直线相切。同一土体的若干土样在不同压应力 σ_3 作用下得出的试验结果可绘出不同的极限莫尔应力圆,其切线就是土的库仑直线,如图 4-14(c)所示,由此可以求出土的抗剪强度指标 ϕ、c。

2. 三轴压缩试验方法

根据土样在周围压力作用下固结的排水条件和剪切时的排水条件,三轴压缩试验可分为以下三种试验方法。

(1) 不固结不排水剪试验(UU 试验)

在试验过程中,无论是施加周围压力 σ_3,还是施加轴向竖直压力,始终关闭排水阀门,

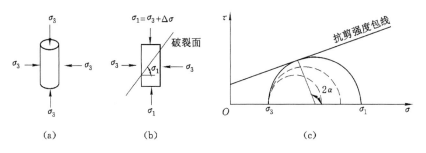

图 4-14 三轴压缩试验原理

(a) 试件受周围压力;(b) 破坏时试件上的主应力;(c) 莫尔破坏包线

土样中的水始终不能排出来,不产生体积变形,因此土样中孔隙水压力大,有效应力很小,得到的抗剪强度指标用 c_u、ϕ_u 表示。对于饱和软黏土,不管如何改变 σ_3,所绘出的莫尔应力圆直径都相同,仅是位置不同,库仑直线是一条水平线,如图 4-15 所示。该试验指标适用于土层厚度(h)大、渗透系数(k)较小、施工快速的工程以及快速破坏的天然土坡的验算。

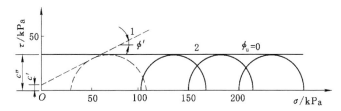

图 4-15 饱和软黏土的不固结不排水剪试验

(2)固结不排水剪试验(CU 试验)

在施加周围压力 σ_3 时,将排水阀门打开,允许试样充分排水,待固结稳定后关闭排水阀门,然后再施加轴向竖直压力 $\Delta\sigma_1$,使试样在不排水的条件下剪切破坏。由于不排水,试样在剪切过程中没有任何体积变形。若要在受剪过程中量测孔隙水压力,则要打开试样与孔隙水压力量测系统间的管路阀门。试验得到的抗剪强度指标用 c_{cu}、ϕ_{cu} 表示。

图 4-16 所示为正常固结饱和黏性土固结不排水剪试验结果,实线表示总应力圆和总应力破坏包线,虚线表示有效应力圆和有效应力破坏包线,u_f 为剪切破坏时的孔隙水压力。总应力破坏包线和有效应力包线都过原点,并且 $\phi' > \phi_{cu}$。

该试验模拟地基条件在自重或正常荷载下已达到充分固结,而后遇有施加突然荷载的情况。如一般建筑物地基的稳定性验算以及预计建筑物施工期间能够排水固结,但在竣工后将施加大量活载(如料仓)或可能有突然活载(如风力)等情况。

(3)固结排水剪试验(CD 试验)

在施加周围压力和随后施加轴向竖直压力直至剪切破坏的整个过程中都将排水阀门打开,并给予充分的时间让试样中的孔隙水压力能够完全消散,施加的压力即为有效应力。试验得到的抗剪强度指标用 c_d、ϕ_d 表示,如图 4-17 所示。该方法适用于土层厚度(h)小、渗透系数(k)大、施工速度慢的工程。对于先加竖向荷载,长时期后加水平向荷载的挡土墙、

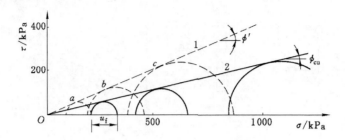

图 4-16 正常固结黏性土的固结不排水剪试验

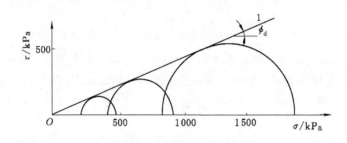

图 4-17 固结排水剪试验

水闸等地基,也可考虑采用固结排水剪试验得到的指标。

3.三轴压缩试验的优缺点

三轴压缩试验的优点如下:

(1)能够控制排水条件以及可以量测土样中孔隙水压力的变化。

(2)试验中试件的应力状态也比较明确,剪切破坏时的破裂面在试件的最薄弱处,不像直接剪切仪那样限定在上、下盒之间。

(3)三轴压缩仪还可用以测定土的其他力学性质,如土的弹性模量。

常规三轴压缩试验的主要缺点如下:

(1)试样所受的力是轴对称的,也即试样所受的三个主应力中,有两个是相等的,但在工程实际中土体的受力情况并非属于这类轴对称的情况。

(2)三轴压缩试验的试件制备比较麻烦,土样易受扰动。

4.三轴压缩试验结果的整理与表达

从以上对试验方法的讨论可以看到,同一种土施加的总应力 σ 虽然相同,但若试验方法不同,或者说控制的排水条件不同,所得的强度指标就不同,故土的抗剪强度与总应力之间没有唯一的对应关系(图 4-18)。有效应力原理指出,土中某点的总应力 σ 等于有效应力 σ' 与孔隙水压力 u 之和,即 $\sigma=\sigma'+u$,因此,若在试验时量测土样的孔隙水压力,据此算出土中的有效应力,从而用有效应力与抗剪强度的关系式表达试验结果。

土的抗剪强度的试验结果一般有两种表示方法。

一种是在 τ_f-σ 关系图中的横坐标用总应力 σ 表示,称为总应力法,其表达式为:

$$\tau_f = c + \sigma \tan \phi$$

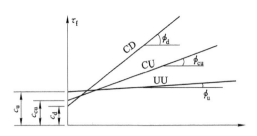

图 4-18　不同排水条件下土的强度包线与强度指标

式中，c、ϕ 是以总应力法表示的黏聚力和内摩擦角，统称为总应力抗剪强度指标。

另一种是在 τ_f-σ 关系图中的横坐标用有效应力 σ' 表示，称为有效应力法，其表达式为：

$$\tau_f = c' + \sigma' \tan \phi'$$

或

$$\tau_f = c' + (\sigma - u) \tan \phi'$$

式中，c'、ϕ' 分别为有效黏聚力和有效摩擦角，统称为有效应力抗剪强度指标。

抗剪强度的有效应力法由于考虑了孔隙水压力的影响，因此，对于同一种土，不论采取哪一种试验方法，只要能够准确量测出土样破坏时的孔隙水压力，则均可用以上三式来表示土的强度关系，而且所得的有效抗剪强度指标应该是相同的。换言之，在理论上抗剪强度与有效应力应有对应关系，这一点已为许多试验所证实。但限于室内试验和现场条件，不可能所有工程都采用有效应力法分析土的抗剪强度。因此，工程中也常采用总应力法，但要尽可能模拟现场土体排水条件和固结度。

【例 4-3】　设有一组饱和黏土试样做固结不排水试验，三个试验所分别施加的周围压力 σ_2、剪切破坏时的轴向竖直压力 $(\sigma_1 - \sigma_3)_f$ 和孔隙水压力 u_f 等有关的数据以及计算结果详见表 4-3。

表 4-3　　　　　　　　　　　　三轴固结不排水试验结果　　　　　　　　　　　单位：kPa

土样编号	1	2	3	土样编号	1	2	3
σ_3	50	100	150	u_f	23	40	67
$(\sigma_1 - \sigma_3)_f$	92	120	164	$\sigma'_3 = \sigma_3 - u_f$	27	60	83
σ_1	142	220	314	$\sigma'_1 = \sigma_1 - u_f$	119	180	247
$\frac{1}{2}(\sigma_1 + \sigma_3)_f$	96	160	232	$\frac{1}{2}(\sigma'_1 + \sigma'_3)_f$	73	120	165
$\frac{1}{2}(\sigma_1 - \sigma_3)_f$	46	60	82	$\frac{1}{2}(\sigma'_1 - \sigma'_3)_f$	46	60	82

根据表 4-3 中的数据，在 τ-σ 坐标图中分别画出一组总应力莫尔圆和一组有效应力莫尔圆（分别为图 4-19 中的实线圆和虚线圆），然后再画出总应力强度包线和有效应力强度包线（分别为图 4-19 中的实直线和虚直线），在图上可量得总应力强度指标 $c = 10$ kPa、$\phi = 18°$，有效应力抗剪强度指标 $c' = 10$ kPa、$\phi' = 27°$。

从理论上讲，试验所得极限应力圆上的破坏点都应落在公切线（即强度包线）上，但由于

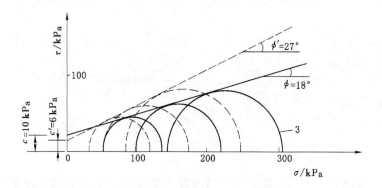

图 4-19 三轴试验的莫尔圆及强度包线

土样的不均匀性以及试验误差等原因,画出公切线并不容易,因此往往需用经验来加以判断。此外,这里所画的强度包线是直线,由于土的强度特性会受某些因素如应力历史、应力水平等的影响,所以土的强度包线不一定是直线,这给通过画图确定 c、ϕ 值带来困难,但非线性的强度包线目前仍未成熟到实用的程度,所以一般包线还是简化为直线。

从上例可知,若用有效应力法整理与表达试验结果,可将试验所得的总应力莫尔圆利用 $\sigma' = \sigma - u_f$ 的关系,改绘成有效应力莫尔圆,即把图 4-19 实线圆 3 中的对应点向左移动一个坐标值 u_f,圆半径保持不变便可得到虚线圆。例如,总应力圆 3 的圆心坐标为 $\frac{1}{2}(\sigma_1 + \sigma_3)_f = 232$ (kPa),土样 3 的 $u_f = 67$ kPa,则有效应力圆的圆心坐标为:

$$\frac{1}{2}(\sigma'_1 + \sigma'_3)_f = \frac{1}{2}(\sigma_1 - u + \sigma_3 - u)_f = \frac{1}{2}(\sigma_1 + \sigma_3)_f - u_f = 232 - 67 = 165 \ (\text{kPa})$$

由于 $\frac{1}{2}(\sigma'_1 - \sigma'_3)_f = \frac{1}{2}(\sigma_1 - u + \sigma_3 + u)_f = \frac{1}{2}(\sigma_1 - \sigma_3)_f$,所以有效应力莫尔圆的半径与总应力莫尔圆的半径是相同的。

三、无侧限抗压强度试验

无侧限抗压强度试验实际是三轴压缩剪切试验的特殊情况,又称单轴剪切试验,如图 4-20(a)所示。试验时土样侧向压力 $\sigma_3 = 0$,仅在轴向施加压力 σ_1,由此测出试样在无侧限压力条件下,抵抗轴向压力的极限强度称为土样的无侧限抗压强度 q_u。利用无侧限抗压强度试验可以测定饱和软黏土的不排水抗剪强度。由于周围压力不能变化,因而根据试验结果,只能画一个极限应力圆,难以得到破坏包线,如图 4-20(b)所示。饱和黏性土的三轴不固结不排水试验结果表明,其破坏包线为一水平线,即 $\phi_u = 0$。由无侧限抗压强度试验所得的极限应力圆的水平切线就是破坏包线,即有:

$$\tau_f = c_u = \frac{q_u}{2} \tag{4-14}$$

式中 τ_f——土的不排水抗剪强度,kPa;

c_u——土的不排水黏聚力,kPa;

q_u——无侧限抗压强度,kPa。

无侧限抗压强度试验仪器构造简单,操作方便,用来测定饱和黏性土的不固结不排水强度与灵敏度非常方便。

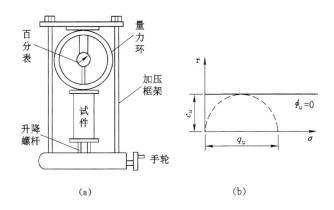

图 4-20　应变控制式无侧限抗压强度试验

四、现场十字板剪切试验

前面介绍的三种试验方法都是室内测定土的抗剪强度的方法,这些试验方法都要求事先取得原状土样,但由于试样在采取、运送、保存和制备等过程中不可避免地受到扰动,土的含水量也难以保持天然状态,特别是对于高灵敏度的黏性土,因此,室内试验结果对土的实际情况的反映就会受到不同程度的影响。原位测试时的排水条件、受力状态与土所处的天然状态比较接近。在抗剪强度的原位测试方法中,国内广泛应用的是十字板剪切试验,这种试验方法适合于在现场测定饱和黏性土的原位不排水抗剪强度,特别适用于均匀饱和软黏土。

十字板剪切仪的构造如图 4-21 所示。试验时,先把套管打到要求测试的深度以上 75 cm,并将套管内的土清除,然后通过套管将安装在钻杆下的十字板压入土中至测试的深度。由地面上的扭力装置对钻杆施加扭矩,使埋在土中的十字板扭转,直至土体剪切破坏,破坏面为十字板旋转所形成的圆柱面。记录土体剪切破坏时所施加的扭矩为 M。土体破坏面为圆柱面(包括侧面和上、下面),作用在破坏土体圆柱面上的剪应力所产生的抵抗矩应该等于所施加的扭矩 M,即:

$$M = \pi D H \cdot \frac{D}{2}\tau_v + 2 \cdot \frac{\pi D^2}{4} \cdot \frac{D}{3} \cdot \tau_H = \frac{1}{2}\pi D^2 H \tau_v + \frac{1}{6}\pi D^3 \tau_H \qquad (4\text{-}15)$$

式中　M——剪切破坏时的扭矩,kN/m;

　　　τ_v、τ_H——剪切破坏时圆柱体侧面和上、下面土的抗剪强度,kPa;

　　　H——十字板的高度,m;

　　　D——十字板的直径,m。

天然状态的土体并非是各向同性的,但实用上为了简化计算,假定土体为各向同性体,则 $\tau_v = \tau_H$,可以计为 τ_f,因此,式(4-15)可写成:

$$\tau_f = \frac{2M}{\pi D^2 \left(H + \dfrac{D}{3}\right)} \qquad (4\text{-}16)$$

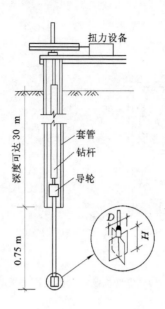

图 4-21　十字板剪切仪构造图

十字板剪切试验直接在现场进行试验,不必取土样,故土体所受的扰动较小,被认为是能够比较真实反映土体原位强度的测试方法,在软弱黏性土的工程勘察中得到了广泛应用。但如果在软土层中夹有薄层粉砂,测试结果可能失真或偏高。

第三节　地基承载力的理论计算

一、地基的破坏形式

工程实践和试验研究表明,地基的破坏形式大致分为三种:整体剪切破坏、局部剪切破坏、冲切破坏,如图 4-22 所示。

1. 整体剪切破坏

整体剪切破坏常发生在浅埋基础下的密砂或硬黏土等坚实地基中。其破坏特征是:当基础上荷载较小时,基础下形成一个三角形压密区Ⅰ随同基础压入土中;随着荷载增加,压密区向两侧挤压,土中产生塑性区,塑性区先在基础边缘产生,然后逐步扩展到Ⅱ、Ⅲ塑性区,这时基础的沉降增长率较前一阶段增大;当荷载超过极限荷载后,土中形成连续滑动面,并延伸到地面,土从基础两侧挤出并隆起,基础沉降急剧增加,整个地基剪切破坏,如图 4-22(a)所示。

由 p-s 曲线可知,地基整体剪切破坏一般经历三个发展阶段。

(1)线弹性变形阶段(压密阶段),相当于荷载与沉降 p-s 曲线上的 oa 段,p-s 曲线接近于直线,地基处于弹性平衡状态,阶段终点的对应荷载 p_{cr} 称为比例界限或临塑荷载。

(2)弹塑性变形阶段(剪切阶段),相当于 p-s 曲线上的 ab 段(压力与沉降曲线不再呈直线关系),地基中局部产生剪切破坏,出现塑性变形区,p-s 曲线呈曲线状,阶段终点的对应荷载 p_u 称为极限荷载。

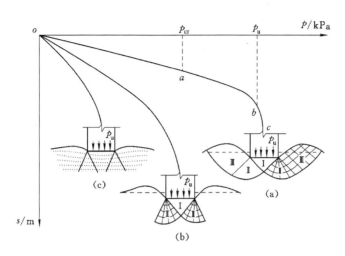

图 4-22　地基的破坏形式

（a）整体剪切破坏；（b）局部剪切破坏；（c）冲切破坏

（3）破坏阶段，相当于 p-s 曲线上的 bc 段，塑性区发展成连续滑动面，荷载增加，沉降急剧变化，p-s 曲线直线下降。

2. 局部剪切破坏

局部剪切破坏常发生在中等密实砂土地基中。其破坏特征是：随着荷载的增加，基础下出现压密区Ⅰ及塑性区Ⅱ，但塑性区仅仅发展到地基某一范围内，土中滑动面并不延伸到地面，基础两侧地面微微隆起，没有出现明显的裂缝，如图 4-22（b）所示。局部剪切破坏的 p-s 曲线也有一个转折点，但不像整体剪切破坏那么明显。

3. 冲切破坏

冲切破坏常发生在松砂或软土地基中。其破坏特征是：随着荷载的增加，基础下土层发生压缩变形，基础随着下沉；当荷载继续增加时，基础周围附近土体发生竖向剪切破坏，使基础切入土中，但侧向变形较小，基础两侧地面没有明显隆起，如图 4-22（c）所示。冲切破坏的 p-s 曲线上没有明显的转折点，没有比例界限，也没有极限荷载。

目前，地基承载力的计算理论仅限于整体剪切破坏形式，这是因为这种破坏形式比较明确，有完整连续的滑动面。而局部剪切破坏和冲切破坏尚无可靠的计算方法，通常先按整体剪切破坏形式进行计算，再作一些修正。

二、地基的临塑荷载与临界荷载

1. 临塑荷载

地基的临塑荷载，是指在外荷载作用下，地基中将要出现但尚未出现塑性变形区时的基底附加压力。其计算公式可根据土中应力计算的弹性理论和土体极限平衡条件导出。

地基临塑荷载 p_{cr} 的计算公式为：

$$p_{cr} = \frac{\pi(\gamma_m d + c \cdot \cot\phi)}{\cot\phi + \phi - \frac{\pi}{2}} + \gamma_m d = N_d \gamma_m d + N_c c \qquad (4\text{-}17)$$

式中 p_{cr}——地基临塑荷载，kPa；

γ_m——基础底面以上土的加权平均重度，地下水位以下取浮重度，kN/m^3；

d——基础埋深，m；

c——基础底面以下土的黏聚力，kPa；

ϕ——基础底面以下土的内摩擦角，($°$)；

N_d、N_c——承载力系数，可根据 ϕ 值按式(4-18)、式(4-19)计算。

$$N_d = \frac{\cot\phi + \phi + \frac{\pi}{2}}{\cot\phi + \phi - \frac{\pi}{2}} \tag{4-18}$$

$$N_c = \frac{\pi\cot\phi}{\cot\phi + \phi - \frac{\pi}{2}} \tag{4-19}$$

2. 临界荷载

工程实践表明，采用上述临塑荷载 p_{cr} 作为地基承载力，十分安全但偏于保守。这是因为在临塑荷载作用下，地基处于压密状态的终点，即使地基发生局部剪切破坏，地基中塑性区有所发展，只要塑性区范围不超出某一限度，就不致影响建筑物的安全和正常使用。因此，可以采用临界荷载作为地基承载力。

临界荷载是指地基中已经出现塑性变形区，但尚未达到极限破坏时的基底附加压力。地基塑性区发展的容许深度与建筑物类型、荷载性质以及土的特征等因素有关。

一般认为，在中心垂直荷载下，塑性区的最大发展深度 z 可控制在基础宽度 l，相应的临界荷载用 $p_{\frac{1}{4}}$ 表示。地基临界荷载 $p_{\frac{1}{4}}$ 的计算公式为：

$$p_{\frac{1}{4}} = \frac{\pi\left(\gamma_m d + \frac{1}{4}\gamma d + c\cdot\cot\phi\right)}{\cot\phi + \phi - \frac{\pi}{2}} + \gamma d$$

$$= N_{\frac{1}{4}}\gamma b + N_d\gamma_m d + N_c c \tag{4-20}$$

式中 $p_{\frac{1}{4}}$——塑性区最大发展深度为 $z_{max} = \frac{b}{4}$ 时的临界荷载，kPa；

γ——基础底面以上土的加权平均重度，地下水位以下取浮重度，kN/m^3；

b——基础宽度(m)，矩形基础取短边长，圆形基础取 $b = \sqrt{A}$（A 为圆形基础底面积）；

$N_{\frac{1}{4}}$——承载力系数，按式(4-22)计算。

而对于偏心荷载作用的基础，塑性区的最大发展深度也可取 $z_{max} = \frac{b}{3}$，相应的临界荷载用 $p_{\frac{1}{3}}$ 表示。则地基临界荷载 $p_{\frac{1}{3}}$ 的计算公式为：

$$p_{\frac{1}{3}} = \frac{\pi\left(\gamma_m d + \frac{1}{3}\gamma d + c\cdot\cot\phi\right)}{\cot\phi + \phi - \frac{\pi}{2}} + \gamma_m d$$

$$= N_{\frac{1}{3}} \gamma b + N_d \gamma_m d + N_c c \tag{4-21}$$

式中　$p_{\frac{1}{3}}$——塑性区最大发展深度 $z_{max} = \dfrac{b}{3}$ 时的临界荷载,kPa;

$\qquad N_{\frac{1}{3}}$——承载力系数,按式(4-23)计算。

临界荷载承载力系数 $N_{\frac{1}{4}}$、$N_{\frac{1}{3}}$ 为:

$$N_{\frac{1}{4}} = \frac{\pi}{4\left(\cot \phi + \phi - \dfrac{\pi}{2} \right)} \tag{4-22}$$

$$N_{\frac{1}{3}} = \frac{\pi}{3\left(\cot \phi + \phi - \dfrac{\pi}{2} \right)} \tag{4-23}$$

必须指出的是,上述公式是在条形均布荷载作用下导出的,对于矩形和圆形基础,其结果偏于安全。此外,对于已出现塑性区的临界荷载公式,仍采用了弹性理论指导,条件不够严密,但塑性区范围不大时,由此引起的误差在工程上还是允许的。

【例 4-4】　某条形基础承受中心荷载。基础宽 2.0 m,埋深＝1.6 m。地基土分为三层:表层为素填土,天然重度 $\gamma_1 = 18.2 \ kN/m^3$,层厚 $h_1 = 1.6 \ m$;第二层为粉土,$\gamma_2 = 19.0 \ kN/m^3$,黏聚力 $c_2 = 12 \ kPa$,内摩擦角 $\phi_2 = 20°$,层厚 $h_2 = 6.0 \ m$;第三层为粉质黏土,$\gamma_3 = 19.5 \ kN/m^3$,黏聚力 $c_3 = 22 \ kPa$,内摩擦角 $\phi_3 = 18°$,层厚 $h_3 = 5.0 \ m$。试计算该地基的临塑荷载和临界荷载。

解　(1)按式(4-17)计算临塑荷载 p_{cr}。已知基础底面以上土的加权平均重度 $\gamma_m = \gamma_1 = 18.2 \ kN/m^3$,基础埋深 $d = 1.6 \ m$,基础底面以下土的黏聚力、内摩擦角分别取 $c_2 = 12 \ kPa$、$\phi_2 = 20°$,则:

$$p_{cr} = \frac{\pi(\gamma_m d + c \cdot \cot \phi)}{\cot \phi + \phi - \dfrac{\pi}{2}} + \gamma_m d$$

$$= \frac{\pi(18.2 \times 1.6 + 12 \times \cot 20°)}{\cot 20° + \dfrac{20}{180}\pi - \dfrac{\pi}{2}} + 18.2 \times 1.6$$

$$= 156.9 \ (kPa)$$

(2)在中心荷载作用下,按式(4-20)计算地基的临界荷载 $p_{\frac{1}{4}}$。已知基础底面以下土的重度 $\gamma = \gamma_2 = 19.0 \ kN/m^3$,其他参数取值同上,则:

$$p_{\frac{1}{4}} = \frac{\pi\left(\gamma_m d + \dfrac{1}{4}\gamma d + c \cdot \cot \phi \right)}{\cot \phi + \phi - \dfrac{\pi}{2}} + \gamma_m d$$

$$= \frac{\pi\left(18.2 \times 1.6 + \dfrac{1}{4} \times 19.0 \times 2.0 + 12 \times \cot 20° \right)}{\cot 20° + \dfrac{20}{180} \times \pi - \dfrac{\pi}{2}} + 18.2 \times 1.6$$

$$= 176.1 \ (kPa)$$

三、地基的极限荷载

地基剪切破坏发展到即将失稳时所能承受的荷载,称为地基的极限荷载。相当于地基土中应力状态从剪切阶段过渡到隆起阶段时的极限荷载。

确定极限荷载的计算公式可归纳为两大类:一类是先假定地基土在极限状态下滑动面的形状,然后根据滑动土体的静力平衡条件求解,此法采用较多;另一类是根据土体的极限平衡理论,计算土中各点达到极限平衡时的应力和滑动面方向,并建立微分方程,根据边界条件求出地基达到极限平衡时各点的精确解。

计算地基极限荷载常用的公式有太沙基公式、斯凯普顿公式、汉森公式等。

1. 太沙基公式

太沙基公式是世界各国常用的极限荷载计算公式,适用于基础底面粗糙的条形基础,并推广应用于圆形基础和方形基础。

对于条形基础:

$$p_u = \frac{1}{2}\gamma b N_\gamma + \gamma_m d N_q + c N_c \tag{4-24}$$

式中 p_u——地基的极限荷载,kPa;

γ——基础底面以下土的重度,kN/m³;

b——条形基础底面宽度,m;

γ_m——基础底面以上土的加权平均重度,地下水位以下取浮重度,kN/m³;

d——基础埋深,m;

c——基础底面下土的黏聚力,kPa;

N_γ、N_q、N_c——承载力系数,仅与内摩擦角有关,可由表 4-4 查得,也可根据地基土的内摩擦角 ϕ 查专用的太沙基承载力系数曲线确定(图 4-23 中实线)。

表 4-4　太沙基公式承载力系数表

$\phi/(°)$	0	5	10	15	20	25	30	35	40	45
N_γ	0.00	0.51	1.20	1.80	4.00	11.00	21.80	45.40	125.00	326.00
N_q	1.00	1.64	2.69	4.45	7.42	12.70	22.50	41.40	81.30	173.30
N_c	5.71	7.32	9.58	12.90	17.60	25.10	37.20	57.70	95.70	172.20

对于方形和圆形基础,太沙基提出采用经验系数修正后的公式,即:

方形基础:

$$p_u = 0.4\gamma b_0 N_\gamma + \gamma_m d N_q + 1.2c N_c \tag{4-25}$$

圆形基础:

$$p_u = 0.6\gamma b_0 N_\gamma + \gamma_m d N_q + 1.2c N_c \tag{4-26}$$

式(4-24)～式(4-26)只适用于地基整体剪切破坏的情况,即地基土较密实,p-s 曲线有明显的转折点。极限荷载较小时,太沙基建议采用较小的 γ'、ϕ' 值计算极限荷载。对于条形基础下的松软地基,其极限荷载计算公式为:

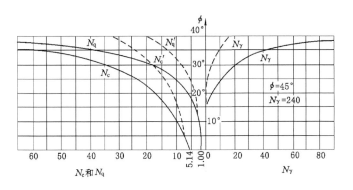

图 4-23 太沙基公式承载力系数

$$p_u = \frac{1}{2}\gamma b N'_\gamma + \gamma_m d N'_q + \frac{2}{3}c N'_c \qquad (4-27)$$

式中，N'_γ、N'_q、N'_c 分别为地基局部剪切时承载力系数，根据地基土的内摩擦角 ϕ 查图 4-23 中的虚线。

用太沙基极限荷载公式计算地基承载力时，应除以安全系数 K，即：

$$f = \frac{p_u}{K} \qquad (4-28)$$

式中 f——地基承载力；

K——地基承载力安全系数，$K \geqslant 3.0$。

【例 4-5】 若例 4-4 中的地基属于整体剪切破坏，试采用太沙基公式确定其承载力，并与临界荷载 $p_{\frac{1}{4}}$ 进行比较。

解 对于条形基础，当地基整体剪切破坏时，按太沙基公式(4-24)计算地基的极限荷载。根据内摩擦角 $\phi = 20°$，查表 4-4 得太沙基承载力系数为：

$$N_\gamma = 4, \quad N_q = 7.42, \quad N_c = 17.6$$

则地基的极限荷载为：

$$p_u = \frac{1}{2}\gamma b N_\gamma + \gamma_m d N_q + c N_c$$

$$= \frac{1}{2} \times 19 \times 2.0 \times 4.0 + 18.2 \times 1.6 \times 7.42 + 12 \times 17.6$$

$$= 503.3 \,(\text{kPa})$$

若取安全系数 $K = 3$，可得地基承载力为：

$$f = \frac{p_u}{K} = \frac{503.3}{3} = 167.8 \,(\text{kPa})$$

由此可见，对于该例题地基当取安全系数 $K = 3$ 时，太沙基公式计算的承载力与临界荷载 $p_{\frac{1}{4}}$ 比较一致。

【例 4-6】 某条形基础设计宽 $b = 2.40$ m，埋深 $d = 1.50$ m。地基为软塑状态粉质黏土，天然重度 $\gamma = 18.6$ kN/m³，内摩擦角 $\phi = 12°$，黏聚力 $c = 24$ kPa。试计算该条形基础地基的极限荷载和地基承载力。

解 因地基为软塑状态粉质黏土,故该条形基础设计时,应采用太沙基松软地基极限荷载公式(4-27)计算。根据内摩擦角 $\phi=12°$ 查图 4-23 中的虚线,得承载力系数为:

$$N'_\gamma=0, \quad N'_q=3.0, \quad N'_c=8.7$$

则地基的极限荷载为:

$$p_u=\frac{1}{2}\gamma b N'_\gamma+\gamma_m d N'_q+\frac{2}{3}c N'_c$$

$$=18.6\times1.50\times3.0+\frac{2}{3}\times24\times8.7$$

$$=222.9 \text{ (kPa)}$$

若取安全系数 $K=3$,可得地基承载力为:

$$f=\frac{p_u}{K}=\frac{222.9}{3}=74.3 \text{ (kPa)}$$

由图 4-23 可见,松软土当 $\phi<18°$ 时,$N'_\gamma=0$,则所计算的极限荷载的第一项 $\frac{1}{2}\gamma b N'_\gamma=0$,因此计算结果 p_u 与 f_a 均相应减小。

2. 斯凯普顿公式

当地基土的内摩擦角 $\phi=0$ 时,太沙基公式难以应用,这是因为太沙基公式中的承载力系数 N'_γ、N'_q、N'_c 都是 ϕ 的函数。斯凯普顿专门研究了 $\phi=0$ 的饱和软土地基的极限荷载计算,得出了斯凯普顿极限荷载计算公式:

$$p_u=5c\left(1+0.2\frac{b}{l}\right)\left(1+0.2\frac{d}{b}\right)+\gamma_m d \tag{4-29}$$

式中 c——地基土的黏聚力,取基础底面以下 $0.7b$ 深度范围内的平均值,kPa;

γ_m——基础底面以上土的加权平均重度,地下水位以下取浮重度,kN/m³。

该公式适用于浅基础(基础埋深 $d\leqslant2.5b$)下、内摩擦角 $\phi=0$ 的饱和软土地基,并考虑了基础宽度与长度比值 b/l 的影响。工程实践表明,按斯凯普顿公式计算的地基极限荷载与实际接近。

用斯凯普顿极限荷载公式计算地基承载力时,应除以安全系数 K,K 取 1.1~1.5。

【例 4-7】 某独立柱基础,基底长 $l=4.0$ m,宽 $b=2.0$ m,埋深 $d=2.0$ m。地基为饱和软土,内摩擦角 $\phi=0$,黏聚力 $c=10$ kPa,天然重度 $\gamma=10$ kN/m³。试计算该柱基础地基的极限荷载和地基承载力。

解 鉴于地基为饱和软土,$\phi=0$,可采用斯凯普顿公式来计算地基的极限荷载,即:

$$p_u=5c\left(1+0.2\frac{b}{l}\right)\left(1+0.2\frac{d}{b}\right)+\gamma_m d$$

$$=5\times10\times\left(1+0.2\times\frac{2.0}{4.0}\right)\times\left(1+0.2\times\frac{2.0}{2.0}\right)+19.0\times2.0$$

$$=104 \text{ (kPa)}$$

取安全系数 $K=1.5$,则地基的承载力为:

$$f=\frac{p_u}{K}=\frac{104}{1.5}=69.3 \text{ (kPa)}$$

3. 汉森公式

汉森公式适用于倾斜荷载作用下,不同基础形状和埋置深度的极限荷载的计算。由于适用范围较广,对水利工程有实用意义,已被我国港口工程技术规范所采用。

$$p_u = \frac{1}{2}\gamma b N_\gamma S_\gamma d_\gamma i_\gamma g_\gamma b_\gamma + \gamma_0 d N_q S_q d_q i_q g_q b_q + c N_c S_c d_c i_c g_c b_c \qquad (4-30)$$

式中　N_γ、N_q、N_c——地基承载力系数;

S_γ、S_q、S_c——基础形状修正系数;

d_γ、d_q、d_c——深度修正系数;

i_γ、i_q、i_c——荷载倾斜修正系数;

g_γ、g_q、g_c——地面倾斜修正系数;

b_γ、b_q、b_c——基础底面修正系数。

用汉森极限荷载公式计算地基承载力时,应除以安全系数 K,$K \geqslant 2$。

第四节　地基承载力特征值的确定

一、地基承载力特征值的概念

地基承载力特征值是指由载荷试验测定的地基土压力变形曲线线性变形段内规定的变形所对应的压力值,其最大值为比例界限值。

在我国现行的《建筑地基基础设计规范》(GB 50007—2011)中采用"特征值"一词,用以表示正常使用极限状态计算时采用的地基承载力和单桩承载力的值,其含义即为在发挥正常使用功能时所允许采用的抗力设计值,以避免过去一律提"标准值"时所带来的混淆。

《建筑地基基础设计规范》(GB 50007—2011)规定:当按地基承载力计算以确定基础底面积和埋深或按单桩承载力确定桩的数量时,传至基础或承台底面上的作用效应应按正常使用极限状态采用标准组合,相应的抗力限值应采用修正后的地基承载力特征值或单桩承载力特征值。

地基基础设计首先应保证在上部结构荷载作用下,地基土不至于发生剪切破坏而失效且具有一定的安全储备。因而,要求基底压力不大于地基承载力特征值,即基底尺寸应满足地基强度及安全性条件。

地基承载力特征值的确定方法可归纳为三类:

(1)根据土的抗剪强度指标的相关理论公式进行计算。

(2)按现场载荷试验的 p-s 曲线确定。

(3)其他原位测试方法确定。

这些方法各有长短,互为补充,可结合起来综合确定。当场地条件简单,又有近期成功可靠的建设经验时,也可按建设经验选取地基承载力。

二、按理论公式确定地基承载力特征值

1. 按一般理论公式确定

前面已介绍了地基临塑荷载 p_{cr}、临界荷载 $p_{\frac{1}{4}}$ 和 $p_{\frac{1}{3}}$、极限荷载 p_u 的计算,它们均可用来确定地基承载力特征值。

若设计时不允许地基中出现局部剪切破坏，p_{cr} 就是地基的承载力特征值；但工程实践表明，对于给定的基础，地基从开始出现塑性区到整体破坏，相应的基础荷载有一个相当大的变化范围，即使地基中出现小范围的塑性区对整个建筑物上部结构的安全并无妨碍，而且相应的荷载与极限荷载 p_u 相比，一般仍有足够的安全度，因此临界荷载 $p_{\frac{1}{4}}$ 和 $p_{\frac{1}{3}}$ 也可作为地基的承载力特征值；当采用极限荷载确定地基的承载力特征值时，p_u 应除以安全系数 K。

2. 按规范推荐公式确定

《建筑地基基础设计规范》(GB 50007—2011)推荐采用以临界荷载 $p_{\frac{1}{4}}$ 为基础的理论公式计算地基承载力特征值。规范规定：当偏心距 e 小于或等于 0.033 倍基础底面宽度时，根据土的抗剪强度指标确定地基承载力特征值可按下式计算，并应满足变形要求。

$$f_a = M_b \gamma b + M_d \gamma_m d + M_c c_k \tag{4-31}$$

式中　　f_a——由土的抗剪强度指标确定的地基承载力特征值，kPa。

M_b、M_d、M_c——承载力系数，按表 4-5 确定。

γ——基础底面以下土的重度(kN/m^3)，地下水位以下的土层取有效重度。

b——基础底面宽度(m)，大于 6 m 时按 6 m 取值，对于砂土小于 3 m 时按 3 m 取值。

γ_m——基础底面以上土的加权平均重度，地下水位以下的土层取浮重度，kN/m^3。

c_k——基底下 1 倍短边宽度的深度内土的黏聚力标准值，kPa。

d——基础埋置深度，(m)，宜自室外地面标高算起。在填方整平地区，可自填土地面标高算起，但填土在上部结构施工后完成时，应从天然地面标高算起；对于地下室，如采用箱形基础或筏板时，基础埋置深度自室外地面标高算起；当采用独立基础或条形基础，应从室内地面标高算起。

表 4-5　　　　　　　　　　承载力系数 M_b、M_d、M_c

土的内摩擦角标准值 $\phi_k/(°)$	M_b	M_d	M_c	土的内摩擦角标准值 $\phi_k/(°)$	M_b	M_d	M_c
0	0	1.00	3.14	22	0.61	3.44	6.04
2	0.03	1.12	3.32	24	0.80	3.87	6.45
4	0.06	1.25	3.51	26	1.10	4.37	6.90
6	0.10	1.39	3.71	28	1.40	4.93	7.40
8	0.14	1.55	3.93	30	1.90	5.59	7.95
10	0.18	1.73	4.17	32	2.60	6.35	8.55
12	0.23	1.94	4.42	34	3.40	7.21	9.22
14	0.29	2.17	4.69	36	4.20	8.25	9.97
16	0.36	2.43	5.00	38	5.00	9.44	10.80
18	4.43	2.72	5.31	40	5.80	10.84	11.73
20	0.51	3.06	5.66				

【例 4-8】 某柱下基础承受中心荷载作用,基础尺寸 2.2 m×3.0 m,基础埋深 2.5 m。场地土为粉土,水位在地表以下 2.0 m,水位以上土的重度为 $\gamma=17.6$ kN/m³,水位以下饱和土重度为 $\gamma_{sat}=19$ kN/m³,土的黏聚力 $c_k=14$ kPa,内摩擦角 $\phi_k=21°$,试按规范推荐的理论公式确定地基承载力特征值。

解 由 $\phi_k=21°$,查表 4-5 并内插,得 $M_b=0.56,M_d=3.25,M_c=5.85$。

基底以上土的加权平均重度:

$$\gamma_m = \frac{17.6 \times 2.0 + (19-10) \times 0.5}{2.5} = 15.9 \ (kN/m^3)$$

由式(4-31)得:

$$
\begin{aligned}
f_a &= M_b \gamma b + M_d \gamma_m d + M_c c_k \\
&= 0.56 \times (19-10) \times 2.2 + 3.25 \times 15.9 \times 2.5 + 5.85 \times 14 \\
&= 222.2 \ (kPa)
\end{aligned}
$$

三、按载荷试验确定地基承载力特征值

载荷试验是一种原位测试技术,能够模拟建筑物地基的实际受荷条件,可以比较准确地反映地基土受力状况和变形特征,是直接确定地基承载力最可靠的方法。但载荷试验费时、耗资,因此规范只要求对地基基础设计等级为甲级的建筑物采用。

载荷试验包括浅层平板载荷试验、深层平板载荷试验和螺旋板载荷试验。浅层平板载荷试验适用于确定浅部地基土层的承压板下应力主要影响范围内的承载力;深层平板载荷试验适用于确定深部地基土层(埋深 $d \geqslant 3$ m 和地下水位以上的地基土)及大直径桩桩端土层在承压板下应力主要影响范围内的承载力;螺旋板载荷试验适用于深层地基土或地下水位以下的地基土。

图 4-24 所示为现场浅层平板载荷试验示意图。试验时,将一个刚性承压板平置于欲试验的土层表面,通过千斤顶或重块在板上分级施加荷载,观测记录沉降随时间的发展以及稳定时的沉降量 s,将上述试验得到的各级荷载与相应的稳定沉降量绘制成 p-s 曲线,由此曲线即可确定地基承载力和地基土变形模量。

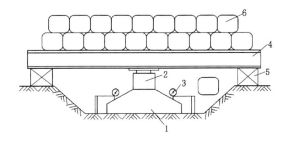

图 4-24 现场浅层平板载荷试验示意图

1——承压板;2——千斤顶;3——百分表;4——平台;5——支墩;6——堆载

浅层平板载荷试验要点如下。

(1)浅层平板载荷试验承压板面积不应小于 0.25 m²,对于软土不应小于 0.5 m²。

(2)试验基坑宽度不应小于承压板宽度或直径的 3 倍。应保持试验土层的原状结构和

天然湿度。宜在拟试压表面用粗砂或中砂层找平,其厚度不超过 2 mm。

(3) 加荷分级不应少于 8 级。最大加载量不应小于设计要求的 2 倍。

(4) 每级加载后,按间隔 10 min、10 min、10 min、15 min、15 min,以后为每隔 0.5 h 测读一次沉降量,当在连续 2 h 内,每小时的沉降量小于 0.1 mm 时,则认为已趋稳定,可加下一级荷载。

(5) 当出现下列情况之一时,即可终止加载。

① 承压板周围的土明显地侧向挤出。

② 沉降 s 急骤增大,荷载与沉降曲线(p-s 曲线)出现陡降段。

③ 某一级荷载下,24 h 内沉降速率不能达到稳定。

④ 沉降量与承压板宽度或直径之比大于或等于 0.06。

当满足前三种情况之一时,其对应的前一级荷载定为极限荷载。

(6) 承载力特征值的确定。

① 对于密实砂土、硬塑黏土等低压缩性土,当 p-s 曲线上有比例界限时,考虑到低压缩性土的承载力特征值一般由强度安全控制,取该比例界限所对应的荷载值 p_{cr} 作为承载力特征值,如图 4-25(a)所示。

② 对于比例界限荷载值 p_{cr} 与极限荷载 p_u 很接近的土,当 $p_u < 2p_{cr}$ 时,取 $\dfrac{p_u}{2}$ 作为承载力特征值。

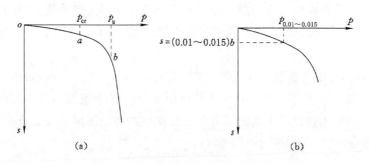

图 4-25 载荷试验确定承载力特征值
(a) 有明显转折点的 p-s 曲线;(b) 无明显转折点的 p-s 曲线

③ 对于中、高压缩性土,如松砂、填土、可塑性黏土等,p-s 曲线无明显转折点,其地基承载力往往通过相对变形来控制。规范总结了许多实测资料,规定当压板面积为 0.25~0.50 m² 时,取 $s = (0.010~0.015)b$ 所对应的荷载作为承载力特征值,但其值不应大于最大加载量的一半,如图 4-25(b)所示。

同一土层参加统计的试验点不应少于 3 点,当试验实测值的极差不超过其平均值的 30% 时,取此平均值作为该土层的地基承载力特征值 f_{ak}。

载荷板的尺寸一般比实际基础小,影响深度也较小,试验只反映这个范围内土层的承载力。如果载荷板影响深度之下存在软弱下卧层,而该层又处于基础的主要受力层内,如图 4-26 所示的情况,此时除非采用大尺寸载荷板做试验,否则意义不大。

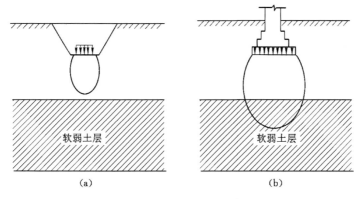

图 4-26 基础宽度对附加应力的影响

(a) 载荷试验;(b) 实际基础

④ 其他原位试验确定地基承载力特征值。

除载荷试验外,静力触探、动力触探、标准贯入试验等原位测试,在我国已经积累了丰富的经验,《建筑地基基础设计规范》(GB 50007—2011)允许将其应用于确定地基承载力特征值。但是强调必须有地区经验,即当地的对比资料。同时还应注意,当地基基础设计等级为甲级和乙级时,应结合室内试验成果综合分析,不宜单独应用。

⑤ 地基承载力特征值修正。

理论分析和工程实践表明,增加基础宽度和埋置深度,地基的承载力也将随之提高。而上述原位测试中,地基承载力测定都是在一定条件下进行的,因此,必须考虑这两个因素的影响。规范规定:当基础宽度大于 3 m 或埋置深度大于 0.5 m 时,从载荷试验或其他原位测试、经验值等方法确定的地基承载力特征值尚应按下式修正:

$$f_a = f_{ak} + \eta_b \gamma (b - 3) + \eta_d \gamma_m (d - 0.5) \tag{4-32}$$

式中 f_{ak}——地基承载力特征值,kPa;

η_b、η_d——基础宽度和埋深的地基承载力修正系数,按基底下土的类别查表 4-6 取值;

b——基础底面宽度(m),小于 3 m 时按 3 m 取值,大于 6 m 时按 6 m 取值;

γ、γ_m、d 符号意义同式(4-31)。

表 4-6 地基承载力修正系数

土的类别		η_b	η_d
淤泥和淤泥质土		0	1.0
人工填土;e 或 I_L 大于等于 0.85 的黏性土		0	1.0
红黏土	含水比 $a_w > 0.8$	0	1.2
	含水比 $a_w \leqslant 0.8$	0.15	1.4
大面积压实填土	压密系数大于 0.95、黏粒含量 $\rho \geqslant 10\%$ 的粉土	0	1.5
	最大密度大于 2 100 kg/m³ 的级配砂石	0	2.0

续表 4-6

土的类别		η_b	η_d
粉土	黏粒含量 $\rho_c \geqslant 10\%$ 的粉土	0.3	1.5
	黏粒含量 $\rho_c < 10\%$ 的粉土	0.5	2.0
e 及 I_L 均小于 0.85 的黏性土		0.3	1.6
粉砂、细砂（不包括很湿与饱和时的稍密状态）		2.0	3.0
中砂、粗砂、砾砂和碎石土		3.0	4.4

注：1. 强风化和全风化的岩石，可参照所风化成的相应土类取值，其他状态下的岩石不修正。

2. 地基承载力特征值按《建筑地基基础设计规范》（GB 50007—2011）附录 D 深层平板载荷试验确定时 η_d 取 0。

3. 含水比指含水量与液限的比值，即 $a_w = w/w_L$。

4. 大面积压实填土是指填土范围大于 2 倍基础宽度的填土。

【例 4-9】 某场地土层分布及各项物理力学指标如图 4-27 所示，若在该场地拟建下列基础：(1) 柱下独立基础，底面尺寸为 2.6 m×4.8 m，基础底面设置于粉质黏土层顶面；(2) 高层箱形基础，底面尺寸为 12 m×45 m，基础埋深为 4.2 m。试确定这两种情况下修正后的地基承载力特征值。

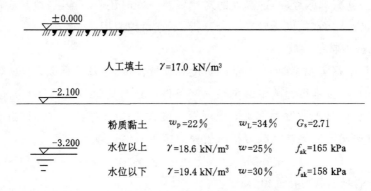

图 4-27 某场地土层分布及各项物理力学指标

解 (1) 确定柱下独立基础修正后的地基承载力特征值。已知 $b = 2.6$ m < 3 m，按 3 m 考虑，$d = 2.1$ m。粉质黏土层水位以上：

$$I_L = \frac{w - w_p}{w_L - w_p} = \frac{25 - 22}{34 - 22} = 0.25$$

$$e = \frac{G_s(1 + w)\gamma_w}{\gamma} - 1 = \frac{2.17 \times (1 + 0.25) \times 10}{18.6} - 1 = 0.82$$

查表 4-6，得 $\eta_b = 0.3$，$\eta_d = 1.6$，将各指标值代入式 (4-32)，得：

$$f_a = f_{ak} + \eta_b \gamma (b - 3) + \eta_d \gamma_m (d - 0.5)$$
$$= 165 + 0 + 1.6 \times 17 \times (2.1 - 0.5)$$
$$= 208.5 \, (\text{kPa})$$

(2) 确定箱形基础修正后的地基承载力特征值。已知 $b = 6$ m，按 6 m 考虑，$d = 4.2$ m，基础底面以下：

$$I_L = \frac{w - w_p}{w_L - w_p} = \frac{30 - 22}{34 - 22} = 0.67$$

$$e = \frac{G_s(1 + w)\gamma_w}{\gamma} - 1 = \frac{2.71 \times (1 + 0.30) \times 10}{19.4} - 1 = 0.82$$

水位以下浮重度为：

$$\gamma' = \frac{G_s - 1}{1 + e}\gamma_w = \frac{(2.71 - 1) \times 10}{1 + 0.82} = 9.4 \ (\text{kN/m}^3)$$

或

$$\gamma' = \gamma_{sat} - \gamma_w = 9.4 \ (\text{kN/m}^3)$$

基础底面以上土的加权平均重度为：

$$\gamma_m = \frac{17 \times 2.1 + 18.6 \times 1.1 + 9.4 \times 1}{4.2} = 15.6 \ (\text{kN/m}^3)$$

查表 4-6，得 $\eta_b = 0.3$，$\eta_d = 1.6$ 将各指标值代入式（4-32），得：

$$f_a = f_{ak} + \eta_b\gamma(b - 3) + \eta_d\gamma_m(d - 0.5)$$
$$= 158 + 0.3 \times 9.4 \times (6 - 3) + 1.6 \times 1.56 \times (4.2 - 0.5)$$
$$= 258.8 \ (\text{kPa})$$

拓 展 练 习

1. 何谓土的抗剪强度？研究土体抗剪强度的意义是什么？

2. 从库仑定律和莫尔应力圆原理说明：当 σ_1 不变而 σ_3 变小时，土可能破坏；反之，当 σ_3 不变而 σ_1 变大时，土也可能破坏。

3. 土体中发生剪切破坏的平面是否为最大剪应力作用面？在什么情况下，破坏面与最大剪应力面一致？

4. 比较直接剪切试验与三轴压缩试验的优缺点。

5. 地基破坏形式有哪几种类型？各在什么情况下容易发生？

6. 确定地基承载力的方法有哪几类？

7. 如何根据现场荷载试验得到的 p-s 曲线确定地基承载力特征值？

8. 如何对地基承载力特征值进行修正？

9. 某砂土试样在法向应力 $\sigma = 100$ kPa 作用下进行直剪试验，测得其抗剪强度为 60 kPa。用画图法确定该土的抗剪强度指标 ϕ 值。另外，如果试样的法向应力增至 $\sigma = 200$ kPa，则土的抗剪强度是多少？

10. 某土样黏聚力 $c = 20$ kPa，内摩擦角 $\phi = 26°$，承受 $\sigma_1 = 450$ kPa，$\sigma_3 = 150$ kPa 的应力。试用数解法和图解法判断该土样是否达到极限平衡状态。

11. 一条形基础，建在砂土地基上，砂土的 $\phi = 30°$，$\gamma = 18.5$ kN/m³；或建在软黏土地基上，软黏土的 $\phi = 0°$，$c_k = 18$ kPa，$\gamma = 17.5$ kN/m³，如果埋置深度均为 1.6 m，分别求出临界荷载 p_1。若上述两种地基的 p_1 相等，哪种基础的埋深应大些？为什么？

12. 某方形基础受中心垂直荷载作用，$b=1.5$ m，$d=2$ m，地基为坚硬黏土，$\gamma=18.0$ kN/m³，$c_k=27$ kPa，$\phi=22°$。试分别按太沙基公式及汉森公式确定地基的承载力。（安全系数取 3）

13. 某建筑物承受中心荷载的柱下独立基础底面尺寸为 3.5 m×1.8 m，埋深 $d=1.8$ m；地基土为粉土，土的物理力学性质指标：$\gamma=17.0$ kN/m³，$c_k=2.5$ kPa，$\phi=20°$，试确定持力层的地基承载力特征值。

14. 已知某拟建建筑物场地地质条件，第一层为杂填土，层厚 1.0 m，$\gamma=18.0$ kN/m³；第二层为粉质黏土，层厚 4.2 m，$\gamma=18.5$ kN/m³，$e=0.85$，$I_L=0.75$，地基承载力特征值 $f_{ak}=130$ kPa。试按以下基础条件分别计算修正后的地基承载力特征值：

（1）基础底面为 4.0 m×2.5 m 的矩形独立基础，埋深 $d=1.2$ m；

（2）基础底面为 9.0 m×4.2 m 的箱形基础，埋深 $d=4.2$ m。

第五章 土压力与土坡稳定性

【学习目标】 土压力有主动土压力、静止土压力和被动土压力三种,应明确这三种土压力的概念,熟悉掌握朗肯土压力、库仑土压力的基本原理和计算方法及各种情况下土压力的计算,熟悉挡土墙的类型、构造和设计;了解土坡稳定的概念,掌握简单土坡稳定分析的方法。

第一节 土压力的类型及影响因素

一、概述

在水利水电、铁路和公路桥梁及工民建筑等工程建设中,为了防止土体坍塌,通常采用各种构筑物支挡土体,这些构筑物称为挡土墙,如支撑建筑物周围填土的挡土墙、房屋地下室的侧墙、桥台、支撑基坑的板桩墙、堆放散粒材料的挡土墙等,如图 5-1 所示。这些结构物都会受到土压力的作用,土体作用在挡土墙上的压力称为土压力。

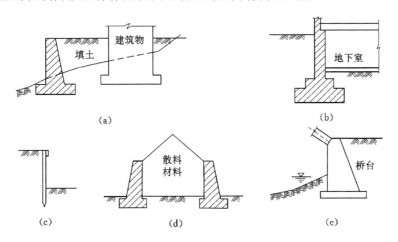

图 5-1 挡土墙应用示例

（a）支撑建筑物周围填土的挡土墙;（b）地下室的外墙;（c）支撑基坑的板桩墙;

（d）堆放散粒材料的挡土墙;（e）桥台

二、土压力的类型

土压力的大小主要与挡土墙的位移、形状,墙后填土的性质和刚度等因素有关,但起决定因素的是墙的位移。根据墙身位移的情况,作用在墙背上的土压力可分为静止土压力、主动土压力和被动土压力,如图 5-2 所示。

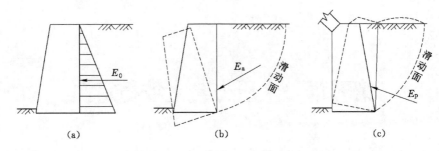

图 5-2　挡土墙的三种土压力

(a) 静止土压力；(b) 主动土压力；(c) 被动土压力

1. 静止土压力

挡土墙在土压力作用下，墙后土体没有破坏，处于弹性平衡状态，不向任何方向发生位移和转动，这时土体作用在墙背上的土压力称为静止土压力，用 E_0 表示，如图 5-2(a)所示。

2. 主动土压力

挡土墙向前移离填土，随着墙的位移量的逐渐增大，土体作用于墙上的土压力逐渐减小，当墙后土体达到主动极限平衡状态并出现滑动面时作用于墙上的土压力减至最小，称为主动土压力，用 E_a 表示，如图 5-2(b)所示。

3. 被动土压力

挡土墙在外力作用下移向填土，随着墙位移量的逐渐增大，土体作用于墙上的土压力逐渐增大，当墙后土体达到被动极限平衡状态并出现滑动面时，作用于墙上的土压力增至最大，称为被动土压力，用 E_p 表示，如图 5-2(c)所示。

上述三种土压力的移动情况和它们在相同条件下的数值比较，可用图 5-3 来表示，由图可知 $E_a < E_0 < E_p$。

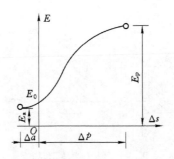

图 5-3　土压力 E 与墙体位移 Δs 的关系

挡土墙计算属平面一般问题，故在土压力计算中，均取一延米的墙长度，土压力单位取 kN/m，而土压力强度单位取 kPa。

三、土压力的影响因素

土压力的计算是个比较复杂的问题。除了挡土墙位移外，土压力的性质、分布、大小还与墙后填土的性质以及有无地下水、墙和土的相对位移量、土体与墙之间的摩擦、挡土墙类型等因素有关。

主动和被动土压力是特定条件下的土压力,仅当墙有足够大的位移或转动时才能产生。另外,当墙和填土都相同时,产生被动土压力所需位移比产生主动土压力所需位移要大得多。当墙体离开填土移动时,位移量很小,即发生主动土压力。该位移量对砂土约为 $0.001H$(H 为墙高),对黏性土约为 $0.004H$。当墙体从静止位置被外力推向土体时,只有当位移量大到相当值后,才达到稳定的被动土压力值 E_p,该位移量对砂土约为 $0.05H$,黏性土填土约为 $0.1H$,而实际工程中对这样大小的位移量常是不容许的,通常情况下,作用在墙上的土压力可能是主动土压力和被动土压力之间的某一数值。

目前,工程中应用的土压力计算理论主要有古典的朗肯(Rankine,1857)理论和库仑(Coulomb,1776)理论。由于理论的假设与实际情况有一定的出入,在理论上也不可能对影响土压力大小及其分布规律的各种因素全面考虑,所以这些方法只能看作是近似计算方法。

第二节　静止土压力计算

地下室外墙、地下水池侧壁、涵洞的侧壁以及其他不产生位移的挡土构筑物均可按静止土压力计算。

一、静止土压力强度

静止土压力犹如半空间弹性变形体在土的自重作用下无侧向变形时的水平侧压力,如图 5-4 所示。在墙后填土体中任意深度 z 处取一微小单元体,作用于单元体水平面上的应力为 γz,故填土表面下任意深度 z 处的静止土压力强度可按下式计算:

$$p_0 = K_0 \gamma z \tag{5-1}$$

式中　γ——墙后填土重度;

K_0——土的静止侧压力(土压力)系数。

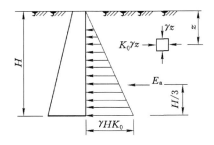

图 5-4　静止土压力的计算

静止土压力系数 K_0 与土的性质、密实程度等因素有关,一般可以通过侧限条件下的试验测定,也可采用经验公式或者经验值。一般砂土可取 $0.35 \sim 0.50$,黏性土可取 $0.50 \sim 0.70$。对正常固结土,也可近似按半经验公式计算,$K_0 = 1 - \sin \phi'$(ϕ' 为土的有效内摩角)。

二、静止土压力合力

由式(5-1)可知,静止土压力沿墙高呈三角形分布。取单位墙长计算,则作用在墙上的静止土压力为：

$$E_0 = \frac{1}{2}\gamma H^2 K_0 \qquad (5-2)$$

式中　H——挡土墙墙高，m。

土压力方向垂直指向墙背，作用点距墙底 $H/3$ 处，即静止土压力强度分布图形的形心处。

【例 5-1】 已知某混凝土挡土墙，墙高为 $H=6.0$ m，墙背竖直，墙后填土表面水平，填土的重度 $\gamma=18.5$ kN/m³，$\phi=20°$，$c=19$ kPa。试计算作用在此挡土墙上的静止土压力，并绘出土压力分布图。

解　静止土压力系数为：

$$K_0 = 1 - \sin\phi' = 0.5$$

则：

$$p_0 = K_0\gamma z = 18.5 \times 6 \times 0.5 = 55.5 \ (\text{kPa})$$

$$E_0 = \frac{1}{2}\gamma H^2 K_0 = \frac{1}{2} \times 18.5 \times 6^2 \times 0.5 = 166.5 \ (\text{kPa})$$

作用点位于下 $H/3=2.0$ m 处，方向垂直指向墙背，如图 5-5 所示。

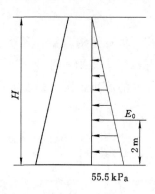

图 5-5　例 5-1 土压力分布图

第三节　朗肯土压力计算

朗肯土压力理论是英国学者朗肯（Rankin）于 1857 年根据均质的半无限土体的应力状态和土处于极限平衡状态的应力条件提出的。在其理论推导中，首先做出以下基本假定：

（1）挡土墙是刚性的，墙背垂直光滑，不考虑墙背与填土之间的摩阻力。

（2）挡土墙的墙后填土表面水平。

把土体当作半无限空间的弹性体，而墙背可假想为半无限土体内部的铅直平面，根据土体处于极限平衡状态，符合莫尔-库仑准则的条件，求出挡土墙上的土压力。

由于墙背与填土间无摩阻力，故剪应力为零，墙背为主应力面，这样，若挡土墙不出现位移，则墙后土体处于弹性平衡状态，作用在墙背上的应力状态与弹性半空间土体的应力状态相同。此时,墙后任意深度 z 处的单元微体所处的应力状态可用图 5-6(d)中的莫尔应力圆 I 表示。其中最大主应力 $\sigma_1 = \sigma_z = \gamma z$,最小主应力 $\sigma_3 = \sigma_x = K_0 \gamma z$。

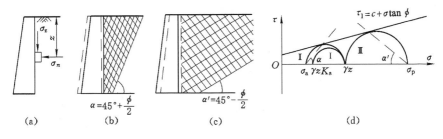

图 5-6　半空间体的极限平衡状态

(a) 墙背单元微体;(b) 朗肯主动状态;(c) 朗肯被动状态;(d) 莫尔应力圆

当挡土墙离开土体运动时,如图 5-6(b)所示,墙后土体有伸张的趋势。此时竖向应力 σ_z 不变,法向应力 σ_x 减小,当挡土墙位移使墙后土体达到极限平衡状态时,σ_x 达到最小值 σ_a,其莫尔应力圆与抗剪强度包线相切[图 5-6(d)中圆 II]。土体形成一系列滑裂面,面上各点都处于极限平衡状态,此时墙背法向应力 σ_x 为最小主应力,即朗肯主动土压力。滑裂面与最大主应力作用面(水平面)成 $\alpha = 45° + \dfrac{\phi}{2}$ 角。

同理,若挡土墙在外力作用下挤压土体,如图 5-6(c)所示,σ_z 仍不变,但 σ_x 增大,当 σ_x 超过 σ_z 时,σ_x 成为大主应力,σ_z 为小主应力。当挡土墙位移使墙后土体达到极限平衡状态时,达到最大值 σ_p,莫尔应力圆与抗剪强度包线相切[图 5-6(d)中圆 III],土体形成一系列滑裂面,此时墙背法向应力 σ_x 为最大主应力,即朗肯被动土压力。滑裂面与水平面成 $\alpha' = 45° - \dfrac{\phi}{2}$ 角。

一、朗肯主动土压力

如前所述,由土的强度理论可知,当土体中某点处于极限平衡状态时,大主应力 σ_{1f} 和小主应力 σ_{3f} 之间应满足以下关系式:

黏性土:
$$\begin{cases} \sigma_1 = \sigma_3 \tan^2\left(45° + \dfrac{\phi}{2}\right) + 2c \cdot \tan\left(45° + \dfrac{\phi}{2}\right) \\ \sigma_3 = \sigma_1 \tan^2\left(45° - \dfrac{\phi}{2}\right) - 2c \cdot \tan\left(45° - \dfrac{\phi}{2}\right) \end{cases}$$

无黏性土:
$$\begin{cases} \sigma_1 = \sigma_3 \tan\left(45° + \dfrac{\phi}{2}\right) \\ \sigma_3 = \sigma_1 \tan\left(45° - \dfrac{\phi}{2}\right) \end{cases}$$

土体处于主动极限平衡状态时:
$$\sigma_1 = \sigma_z = \gamma z, \quad \sigma_3 = \sigma_x = p_a$$

1. 填土为黏性土

填土为黏性土时的朗肯主动土压力计算公式为:

$$p_a = \gamma z \tan^2\left(45° - \frac{\phi}{2}\right) - 2c \cdot \tan\left(45° - \frac{\phi}{2}\right) = \gamma z K_a - 2c\sqrt{K_a} \tag{5-3}$$

式中　K_a——主动土压力系数，$K_a = \tan^2\left(45° - \frac{\phi}{2}\right)$;

　　　　γ——墙后填土的重度(kN/m)，地下水位以下用有效重度;

　　　　c——填土的黏聚力，kPa;

　　　　ϕ——填土的内摩擦角，(°);

　　　　z——所计算的点离填土面的深度，m。

由式(5-3)可知，主动土压力 p_a 沿深度 z 呈直线分布，如图 5-7 所示。

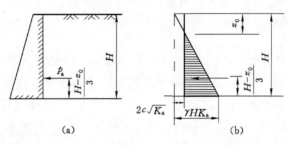

图 5-7　黏性土主动土压力分布图

在图 5-7 中，压力为零的深度 z_0，可由 $p_a = 0$ 的条件代入式(5-3)求得:

$$z_0 = \frac{2c}{\gamma\sqrt{K_a}} \tag{5-4}$$

在 z_0 深度范围内 p_a 为负值，但土与墙之间不可能产生拉应力，说明在 z_0 深度范围内，填土对挡土墙不产生土压力。黏性土的主动土压力由两项组成，第一项 $\gamma z K_a$ 为土体自重产生的，是正值，随深度呈三角形分布;第二项为黏结力 c 引起的土压力 $2cK_a$，是负值，起减小土压力的作用，其值是常量。

墙背所受总主动土压力为 E_a，其值为土压力分布图中的阴影部分面积，即:

$$E_a = \frac{1}{2}(\gamma H K_a - 2c\sqrt{K_a})(H - z_0) = \frac{1}{2}\gamma H^2 K_a - 2cH\sqrt{K_a} + \frac{2c^2}{\gamma} \tag{5-5}$$

E_a 作用点位于墙底以上 $\frac{1}{3}(H - z_0)$ 处。

2. 填土为无黏性土(砂土)

对无黏性土，有:

$$p_a = \gamma z \tan^2\left(45° - \frac{\phi}{2}\right) = \gamma z K_a \tag{5-6}$$

上式说明主动土压力 p_a 沿墙高呈直线分布，即土压力为三角形分布。墙背上所受的总主动土压力为三角形的面积，即:

$$E_a = \frac{1}{2}\gamma H^2 K_a \tag{5-7}$$

E_a 的作用方向应垂直墙背，作用点在距墙底 $\frac{1}{3}H$ 处。

【例 5-2】 某挡土墙,高度为 5 m,墙背垂直光滑,填土面水平。填土为黏性土,其物理力学性质指标如下:$c = 8$ kPa,$\phi = 18°$,$\gamma = 18$ kN/m。试计算该挡土墙主动土压力及其作用点位置,并绘出主动土压力强度分布图。

解 (1)主动土压力系数为:

$$K_a = \tan^2\left(45° - \frac{\phi}{2}\right) = \tan^2\left(45° - \frac{\phi}{2}\right) = 0.528$$

(2)墙底处的主动土压力强度为:

$$p_a = \gamma z K_a - 2c\sqrt{K_a}$$
$$= 18 \times 5 \times 0.528 - 2 \times 8 \times \sqrt{0.528}$$
$$= 35.89 \text{ (kPa)}$$

(3)临界深度为:

$$z_0 = \frac{2c}{\gamma\sqrt{K_a}} = \frac{2 \times 8}{18 \times \sqrt{0.528}} = 1.223 \text{ (m)}$$

(4)主动土压力强度分布如图 5-8 所示。总主动土压力为:

$$E_a = 35.89 \times (5 - 1.223) \times \frac{1}{2} = 67.78 \text{ (kN/m)}$$

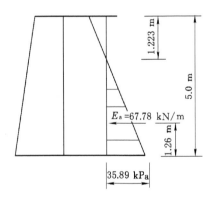

图 5-8 例 5-2 主动土压力分布图

主动土压力 E_a 作用点距墙底的距离为:

$$\frac{H - z_0}{3} = \frac{5 - 1.223}{3} = 1.26 \text{ (m)}$$

二、朗肯被动土压力

从朗肯土压力理论的基本原理可知,当土体处于被动极限平衡状态时,根据土的极限平衡条件式可得被动土压力强度 $\sigma_1 = \sigma_h = p_p$,$\sigma_3 = \sigma_v = \gamma z$,则:

黏性土:

$$p_p = \gamma z \tan^2\left(45° + \frac{\phi}{2}\right) + 2c \cdot \tan\left(45° + \frac{\phi}{2}\right) = \gamma z K_p + 2c\sqrt{K_p} \tag{5-8}$$

无黏性土:

$$p_p = \gamma z \tan^2 \left(45° + \frac{\phi}{2}\right) = \gamma z K_p \qquad (5-9)$$

式中　p_p——沿墙高分布的土压力强度,kPa;

　　　K_p——朗肯被动土压力系数,$K_p = \tan^2 \left(45° + \frac{\phi}{2}\right)$。

无黏性土的被动土压力强度呈三角形分布[图 5-9(b)],黏性土的被动土压力强度则呈梯形分布[图 5-9(c)],则被动土压力合力可由下式计算:

黏性土:

$$E_p = \frac{1}{2} \gamma H^2 K_p + 2cH \sqrt{K_p} \qquad (5-10)$$

无黏性土:

$$E_p = \frac{1}{2} \gamma H^2 K_p \qquad (5-11)$$

被动土压力 E_p 合力方向为垂直墙背,作用点通过三角形或梯形压力分布图的形心,计算单位为 kN/m。

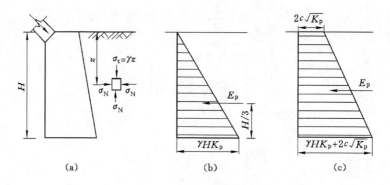

图 5-9　朗肯被动土压力

(a) 被动土压力的计算;(b) 无黏性土土压力分布;(c) 黏性土土压力分布

【例 5-3】 已知条件同例 5-1,试计算作用在此挡土墙上的被动土压力,并绘出土压力分布图。

解　墙背竖直光滑,填土表面水平,满足朗肯土压力理论,按式(5-8)计算被动土压力强度。其中被动土压力系数:

$$K_p = \tan^2 \left(45° + \frac{\phi}{2}\right) = \tan^2 \left(45° + \frac{18}{2}\right) = 1.894$$

墙顶处土压力:

$$p_{p1} = 2c \sqrt{K_p} = 2 \times 8 \times \sqrt{1.894} = 54.34 \text{ (kPa)}$$

墙底处土压力为:

$$p_{p2} = \gamma z K_p + 2c \sqrt{K_p} = 18 \times 5 \times 1.894 + 2 \times 8 \times \sqrt{1.894} = 280.78 \text{ (kPa)}$$

绘制土压力分布图,如图 5-10 所示,其总被动土压力为:

$$E_p = \frac{1}{2}\gamma H^2 K_p + 2cH\sqrt{K_p}$$

$$= \frac{1}{2} \times 18.5 \times 6^2 \times \tan^2\left(45° + \frac{20°}{2}\right) + 2 \times 19 \times 6 \times \tan\left(45° + \frac{20°}{2}\right)$$

$$= 1\,005\ (\text{kN/m})$$

总被动土压力作用点位于梯形底重心,距墙底 2.32 m 处。

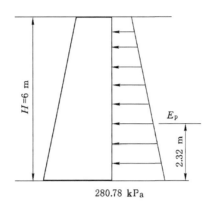

图 5-10　例 5-3 被动土压力分布图

三、几种常见情况下的主动土压力计算

1. 填土表面有连续均布荷载

当挡土墙后填土表面有连续均布荷载 q 作用时,填土表面下深度 z 处的竖向应力 $\sigma_z = q + \gamma z$。若填土为黏性土,则挡土墙后主动土压力强度和被动土压力强度公式为:

$$p_a = (q + \gamma z)K_a - 2c\sqrt{K_a} \tag{5-12}$$

$$p_p = (q + \gamma z)K_p + 2c\sqrt{K_p} \tag{5-13}$$

若填土为无黏性土,式中第二项为零。

土压力强度分布图形如图 5-11 所示。

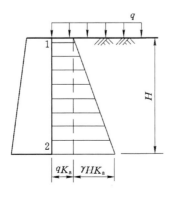

图 5-11　填土面有均布荷载

土压力合力大小为土压力分布图形面积,计算时一般将土压力分布图形分成若干个三角形和矩形,分别求合力 E_{a1},E_{a2},…,最后求总合力;作用点在图形的形心,形心坐标 y_c 可按式(5-14)计算:

$$y_c = \frac{E_{a1}y_1 + E_{a2}y_2 + \cdots + E_{an}y_n}{\sum E_{ai}} \qquad (5-14)$$

式中 E_{ai}——压力分布图形中各三角形或矩形的面积(合力);

  y_i——E_{ai} 对应图形的形心坐标。

2. 成层填土

如果墙后填土有几种不同水平土层,如图 5-12 所示,第一层的土压力仍按均质计算;计算第二层土的压力时,可将第一层土的重量 $r_1 h_1$ 作为超载作用在第二层的顶面,并按第二层的指标计算土压力,但仅在第二层厚度范围内有效。由于各土层土的性质不同,则土压力系数也不相同,因此在土层的分界面上将出现两个土压力值,一个是上层底面的土压力,另一个是下层顶面的土压力。

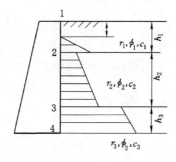

图 5-12 成层填土土压力计算

多层土时,计算方法相同。现以朗肯理论黏土主动土压力为例,图 5-12 所示墙背上各点土压力为:

$$p_{a1} = -2c_1\sqrt{K_{a1}}$$

$$p_{a2}^{\text{上}} = \gamma_1 h_1 K_{a1} - 2c_1\sqrt{K_{a1}}$$

$$p_{a2}^{\text{下}} = \gamma_1 h_1 K_{a2} - 2c_2\sqrt{K_{a2}}$$

$$p_{a3}^{\text{上}} = (\gamma_1 h_1 + \gamma_2 h_2)K_{a2} - 2c_2\sqrt{K_{a2}}$$

$$p_{a3}^{\text{下}} = (\gamma_1 h_1 + \gamma_2 h_2)K_{a3} - 2c_3\sqrt{K_{a3}}$$

$$p_{a4} = (\gamma_1 h_1 + \gamma_2 h_2 + \gamma_3 h_3)K_{a3} - 2c_3\sqrt{K_{a3}}$$

无黏性土时,只需令上述各式中 $c_i = 0$ 即可。

3. 墙后填土有地下水

填土中存在地下水时,给土压力主要带来三方面的影响:

(1) 地下水以下的填土重度减轻为浮重度。

(2) 地下水位以下填土的抗剪强度将有不同程度的改变。

(3) 地下水对墙背产生静水压力。

工程上一般忽略水对砂土抗剪强度指标的影响,但对黏性土,随着含水率的增加,其黏聚力和内摩擦角均会明显减小,从而使主动土压力增大。因此,一般次要工程可考虑采取加强排水的措施,以避免水的不利影响,不再改变土的强度指标;而重要工程,土压力计算时还应考虑适当降低抗剪强度指标 c 和 ϕ 值。此外,地下水位以下土的重度取浮重度,还应计入地下水对挡土墙产生的静水压力,如图 5-13 所示。因此,作用在墙背上的总侧压力为土压力和水压力之和。

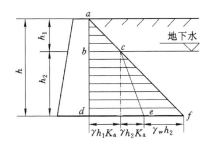

图 5-13　填土有地下水时土压力计算

【例 5-4】　图 5-14 所示的挡土墙,墙高 8 m,墙背竖直光滑,墙后填土面作用有连续的均布荷载 $q=40$ kPa,试计算作用在墙背上的侧压力及其作用点。

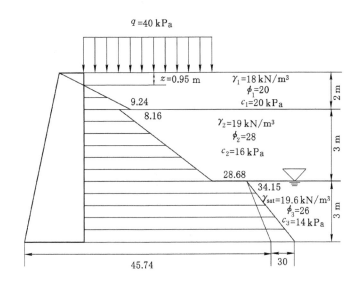

图 5-14　例 5-4 图

解　已知符合朗肯条件,则有:

$$K_{a1} = \tan^2\left(45° - \frac{20°}{2}\right) = 0.49$$

$$K_{a2} = \tan^2\left(45° - \frac{28°}{2}\right) = 0.36$$

$$K_{a3} = \tan^2\left(45° - \frac{26°}{2}\right) = 0.39$$

如图 5-14 所示,墙顶土压力强度为:

$$p_a = qK_{a1} - 2c_1\sqrt{K_{a1}} = 40 \times 0.49 - 2 \times 20 \times \sqrt{0.49} = -8.4 \text{ (kPa)}$$

又设临界深度为 z_0,则有:

$$p_{az_0} = \gamma_1 z_0 K_{a1} + qK_{a1} - 2c\sqrt{K_{a1}} = 0$$

即:

$$18z_0 \times 0.49 + 40 \times 0.49 - 2 \times 20 \times \sqrt{0.49} = 0$$

所以:

$$z_0 = 0.95 \text{ m}$$

第一层底部土压力强度为:

$$\begin{aligned}
p_a &= \gamma_1 h_1 K_{a1} + qK_{a1} - 2c_1\sqrt{K_{a1}} \\
&= 18 \times 2 \times 0.49 + 40 \times 0.49 - 2 \times 20 \times \sqrt{0.49} \\
&= 9.24 \text{ (kPa)}
\end{aligned}$$

第二层顶部土压力强度为:

$$\begin{aligned}
p_a &= \gamma_1 h_1 K_{a2} + qK_{a2} - 2c_2\sqrt{K_{a2}} \\
&= 18 \times 2 \times 0.36 + 40 \times 0.36 - 2 \times 16 \times \sqrt{0.36} \\
&= 8.16 \text{ (kPa)}
\end{aligned}$$

第二层底部土压力强度为:

$$\begin{aligned}
p_a &= (\gamma_1 h_1 + \gamma_2 h_2)K_{a2} + qK_{a2} - 2c_2\sqrt{K_{a2}} \\
&= (18 \times 2 + 19 \times 3) \times 0.36 + 40 \times 0.36 - 2 \times 16 \times \sqrt{0.36} \\
&= 28.68 \text{ (kPa)}
\end{aligned}$$

第三层顶部土压力强度为:

$$\begin{aligned}
p_a &= (\gamma_1 h_1 + \gamma_2 h_2)K_{a3} + qK_{a3} - 2c_3\sqrt{K_{a3}} \\
&= (18 \times 2 + 19 \times 3) \times 0.39 + 40 \times 0.39 - 2 \times 14 \times \sqrt{0.39} \\
&= 34.51 \text{ (kPa)}
\end{aligned}$$

第三层底部土压力强度为:

$$\begin{aligned}
p_a &= (\gamma_1 h_1 + \gamma_2 h_2 + \gamma_3 h_2)K_{a3} + qK_{a3} - 2c_3\sqrt{K_{a3}} \\
&= (18 \times 2 + 19 \times 3 + 9.6 \times 3) \times 0.39 + 40 \times 0.39 - 2 \times 14 \times \sqrt{0.39} \\
&= 45.74 \text{ (kPa)}
\end{aligned}$$

第三层底部水压力强度

$$p_w = \gamma_w h_3 = 10 \times 3 = 3 \text{ (kPa)}$$

墙背各点的土压力强度绘于图 5-14 中,墙背上的主动土压力为:

$$E_a = \frac{1}{2} \times 9.24 \times (2 - 0.95) + 8.16 \times 3 + \frac{1}{2} \times (28.68 - 8.16) \times 3 +$$

$$34.51 \times 3 + \frac{1}{2} \times (45.74 - 34.51) \times 3$$

$$= 4.85 + 24.48 + 30.78 + 103.53 + 16.85$$

$$= 180.49 \ (\text{kN/m})$$

静水压力为：

$$E_w = \frac{1}{2} \times 30 \times 3 = 45 \ (\text{kN/m})$$

则作用在墙背上的总侧压力为主动土压力和水压力之和：

$$E = E_a + E_w = 225.49 \ (\text{kN/m})$$

总侧压力 E 的作用点距墙底的距离为：

$$x = \frac{1}{225.49} \left[4.85 \times \left(\frac{2 - 0.95}{3} + 6 \right) + 24.48 \times \left(\frac{3}{2} + 3 \right) + 30.78 \times \left(\frac{3}{3} + 3 \right) + \right.$$

$$\left. 103.53 \times \frac{3}{2} + (16.85 + 45) \times \frac{3}{3} \right]$$

$$= 2.13 \ (\text{m})$$

第四节　库仑土压力理论

一、基本假定

库仑于 1776 年根据挡土墙墙后滑动土楔体的静力平衡条件，提出了计算土压力的理论。

库仑土压力理论是根据墙后土体极限平衡状态并形成一滑动楔体时，从楔体的静力平衡条件得出的土压力计算理论。其基本假设为：① 墙后填土是理想的散粒体（黏聚力 $c = 0$）；② 滑动破裂面为通过墙踵的平面。

库仑土压力理论适用于砂土或碎石填料的挡土墙计算，可考虑墙背倾斜角为 α、填土面倾斜坡角为 β 以及墙背与填土间的摩擦角为 δ 等多种因素的影响。分析时，一般沿墙长度方向取 1 m 考虑。

二、主动土压力

如图 5-15 所示，当楔体 ABM 向下滑动并处于极限平衡状态时，作用在 ABM 上的力分别有：

（1）重力 G

由土楔体 ABM 引起，根据几何关系可得如下：

$$G = S_{\triangle ABM} = \frac{1}{2} AM \cdot BC \cdot \gamma$$

在 $\triangle ABM$ 中，利用正弦定理可得：

$$AM = AB \frac{\sin(90° - \alpha + \beta)}{\sin(\theta - \beta)}$$

又因 $AB = \dfrac{h}{\cos \alpha}$，得：

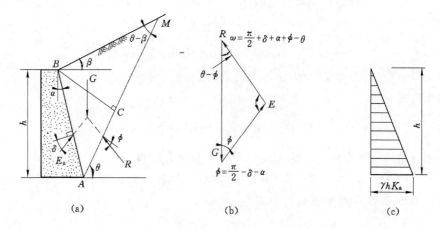

图 5-15 库仑主动土压力计算图

$$BC = AB\cos(\theta - \alpha) = h\,\frac{\cos(\theta - \alpha)}{\cos\alpha}$$

故：

$$G = \frac{1}{2}AM \cdot BC \cdot \gamma = \frac{\gamma h^2}{2} \cdot \frac{\cos(\alpha - \beta)\cos(\theta - \alpha)}{\cos^2\alpha\sin(\theta - \beta)}$$

（2）反力 R

反力 R 为破裂面 AM 上土楔体重力的法向分力与该面土体间的摩擦力的合力，其作用于 AM 面上，与 AM 面法线的夹角等于土的内摩擦角 ϕ，当楔体下滑时，位于法线的下侧。

（3）墙背反力 E

墙背反力 E 与墙背 AB 法线的夹角等于挡土墙体材料之间的外摩擦角 δ，该力与作用在墙背上的土压力大小相等，方向相反。当楔体下滑时，该力位于法线的下侧。

土楔体 ABM 在上述三力作用下处于静力平衡状态，构成一闭合的力三角形，如图 5-15(b) 所示。现已知三力的方向及 G 的大小，故可由正弦定理得：

$$E = G\,\frac{\sin(\theta - \phi)}{\sin\omega} = \frac{\gamma h^2}{2\cos^2\alpha} \cdot \frac{\cos(\alpha - \beta)\cos(\theta - \alpha)\sin(\theta - \phi)}{\sin(\theta - \beta)\sin\omega} \tag{5-15}$$

其中：

$$\omega = \frac{\pi}{2} + \delta + \alpha + \phi - \theta$$

在上两式中，γ、h、α、β、ϕ、δ 都是已知的，而滑动面 AM 与水平面的夹角 θ 则是任意假定的。因此，选定不同的 θ 角，可得到一系列相应的土压力 E 值，即 E 是 θ 的函数。E 的最大值 E_{max} 即墙背的主动土压力，其对应的滑动面即土楔体最危险滑动面。因此，可用微分学中求极值的方法求得 E 的极大值，即：

$$\frac{\mathrm{d}E}{\mathrm{d}\theta} = 0$$

可解得使 E 为极大值时，填土的破坏角 θ_{cr} 为：

$$\theta_{cr} = \arctan\left[\frac{s_q \sin\beta + \cos(\alpha + \phi + \delta)}{s_q \cos\beta - \cos(\alpha + \phi + \delta)}\right]$$

其中：

$$s_q = \sqrt{\frac{\cos(\alpha + \delta)\sin(\phi + \delta)}{\cos(\alpha - \beta)\sin(\phi - \beta)}}$$

将 θ_{cr} 代入式(5-15)，经整理后得库仑主动土压力的一般表达式为：

$$E_a = \frac{1}{2}\gamma h^2 K_a \tag{5-16}$$

其中：

$$K_a = \frac{\cos^2(\phi - \alpha)}{\cos^2\alpha\cos(\alpha + \beta)\left[1 + \sqrt{\dfrac{\sin(\phi + \delta)\sin(\phi - \beta)}{\cos(\alpha + \delta)\cos(\alpha - \beta)}}\right]} \tag{5-17}$$

式中　α——墙背与竖直线的夹角(°)，俯斜时取正号，仰斜时为负号(图 5-15)；

　　　β——墙后填土面的倾角，(°)；

　　　δ——土与墙背材料间的外摩擦角，(°)；

　　　K_a——库仑主动土压力系数。

当墙背竖直($\alpha = 0$)、光滑($\delta = 0$)、填土面水平($\beta = 0$)时，式(5-17)可变为：

$$K_a = \tan^2\left(45° - \frac{\phi}{2}\right)$$

可见在此条件下，库仑公式和朗肯公式完全相同。因此，朗肯理论是库仑理论的特殊情况。

沿墙高的土压力分布强度 σ_a 可通过 E_a 对 z 求导得到：

$$\sigma_a = \frac{dE_a}{dz} = \frac{d}{dz}\left(\frac{1}{2}\gamma z^2 K_a\right) = \gamma z K_a \tag{5-18}$$

由上式可见，主动土压力分布强度沿墙高呈三角形线性分布[图 5-15(c)]，土压力合力的作用点离墙底 $h/3$，方向与墙面的法线成 δ 角。

注意：图 5-15(c)中表示的土压力分布图只表示其数值大小，而不代表其作用方向。

三、被动土压力

如图 5-16(a)所示，当挡土墙在外力作用下挤压土体，楔体沿破裂面向上隆起而处于极限平衡状态时，可得作用在楔体上的力三角形，如图 5-16(b)所示。此时由于楔体上隆，E_p 和 R 均位于法线的上侧。按与求主动土压力相同的方法可求得被动土压力 E_p 的库仑公式：

$$E_p = \frac{1}{2}\gamma h^2 K_p \tag{5-19a}$$

$$K_p = \frac{\cos^2(\phi + \alpha)}{\cos^2\alpha\cos(\alpha - \beta)\left[1 - \sqrt{\dfrac{\sin(\phi + \delta)\sin(\phi + \beta)}{\cos(\alpha - \delta)\cos(\alpha - \beta)}}\right]} \tag{5-19b}$$

式中　K_p——被动土压力系数。

若墙背竖直($\alpha=0$)、光滑($\delta=0$)及墙后填土面水平($\beta=0$),则式(5-19b)可变为:

$$K_p = \tan^2\left(45° + \frac{\phi}{2}\right)$$

与无黏性土的朗肯公式相同,被动土压力强度可按下式计算:

$$\sigma_p = \frac{dE_p}{dz} = \frac{d}{dz}\left(\frac{1}{2}\gamma z^2 K_p\right) = \gamma z K_p \tag{5-20}$$

被动土压力强度沿墙高也呈三角形分布[图 5-16(c)],其合力作用点在距离墙底 $h/3$ 处。

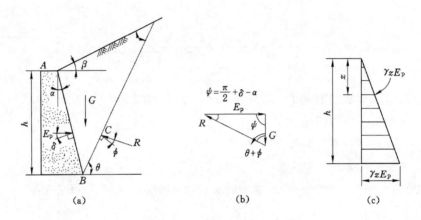

图 5-16   库仑被动土压力计算图

四、土压力计算的应用问题

(1) 朗肯理论与库仑理论的比较

朗肯土压力理论概念明确、公式简单、便于记忆,可用于黏性和无黏性填土,在工程中应用广泛。但必须假定墙背竖直、光滑,填土面水平,故计算条件和适用范围均受到限制,且由于该理论忽略了墙背与填土之间的摩擦影响,使计算的主动土压力值偏大、被动土压力值偏小,结果偏于安全。

库仑土压力理论假设墙后填土破坏时破裂面为一平面,而实际为一曲面。实践证明,只有当墙背倾角 α 及墙背与填土间的外摩擦角 δ 较小时,主动土压力的破裂面才接近平面,因此,计算结果存在一定的偏差。通常在计算主动土压力时偏差为 2‰～10‰,基本能满足工程精度要求;但计算被动土压力时,由于破裂面接近于对数螺线,计算结果误差较大,有时可达 2～3 倍甚至更大,故宜按有限差分解或考虑对数螺线区的塑性理论解计算,具体方法可参见有关文献。

(2) 土体抗剪强度指标

填土抗剪强度指标的确定极为复杂,必须考虑挡土墙在长期工作下墙后填土状态的变化及长期强度的下降因素,方能保证挡土墙的安全。根据国外研究成果,此数值约为标准抗剪强度的 1/3。有的规定土的计算摩擦角为标准值减去 2°,黏聚力为标准值的 30%～40%。大量调查表明,该计算值与实际情况比较相符。

(3) 墙背与填土的外摩擦角 δ 对计算结果影响较大

根据计算,当墙背为砂性填土,δ从0°提高到15°时,挡土墙的圬工体积可减少15%～20%。其取值大小取决于墙背的粗糙程度、填土类别以及墙背的排水条件等。墙背越粗糙,填土的ϕ值越大,则δ也越大。此外,δ还与荷载大小及填土面的倾角β成正比。一般δ的取值在$0～\phi$之间,见表5-1。

表 5-1　　　　　　　　　　　　　土对挡土墙墙背的外摩擦角δ

挡土墙情况	外摩擦角δ
墙背平滑、排水不良	$(0～0.33)\phi$
墙背粗糙、排水良好	$(0.33～0.50)\phi$
墙背很粗糙、排水良好	$(0.50～0.67)\phi$
墙背与填土间不可能滑动	$(0.67～1.00)\phi$

第五节　挡土墙设计

一、挡土墙类型选择

常用的挡土墙按结构形式可分为重力式、悬臂式、扶壁式、锚定板(锚杆)式和加筋挡土墙等,如图5-17(a)所示为重力式挡土墙,图5-17(b)所示为悬臂式挡土墙,图5-17(c)所示为扶壁式挡土墙。

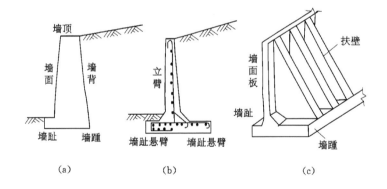

图 5-17　挡土墙的类型
(a) 重力式挡土墙;(b) 悬臂式挡土墙;(c) 扶壁式挡土墙

1. 重力式挡土墙

重力式挡土墙是依靠墙体自重抵抗土压力作用的一种墙体,所需要的墙身截面较大,一般由砖石材料砌筑而成。它具有结构简单、施工方便、便于就地取材等优点,在土建工程中得到广泛应用。

重力式挡土墙根据墙背倾斜方向可分为俯斜式挡土墙[图5-18(a)]、直立式挡土墙[图5-18(b)]、仰斜式挡土墙[图5-18(c)]、衡重式挡土墙[图5-18(d)]。

俯斜式挡土墙所受的土压力作用较仰斜式和直立式挡土墙大,仰斜式所受的土压力较小,重力式挡土墙高度通常情况下小于 6 m。当墙高 h 大于 6 m 时,宜采用衡重式挡土墙,如图 5-18(d)所示。

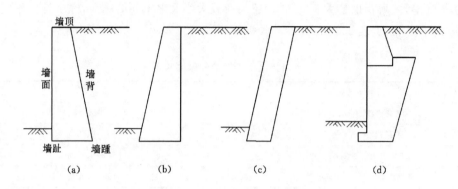

图 5-18　重力式挡土墙的形式

(a) 俯斜式;(b) 直立式;(c) 仰斜式;(d) 衡重式

2. 悬臂式挡土墙

悬臂式挡土墙一般是由钢筋混凝土制成的悬臂板式挡土墙。墙身立壁板在土压力作用下受弯,墙身内弯曲拉应力由配在立板中的钢筋承担;墙身的稳定性靠底板以上的土重维持。它的优点是充分利用了钢筋混凝土构件的受力特性,墙身截面较小。

悬臂式挡土墙通常在墙高超过 5 m、地基的土质较差且当地缺少石料时采用,通常使用在市政工程以及储料仓库。

3. 扶壁式挡土墙

当挡土墙高度大于 10 m 时,继续采用悬臂式墙体就会出现墙体离壁侧移太大,为了增强立壁的抗弯刚度,沿墙体长度方向每隔(0.3~0.6)h 设置一道加劲扶壁,以增加挡土墙立壁的刚度和受力性能,这种挡土墙称为扶壁式挡土墙。

4. 锚定板及锚杆式挡土墙

锚定板挡土墙通常由预制的钢筋混凝土墙面、立柱钢拉杆和埋在填土中的锚定板在现场拼装而成,如图 5-19 所示。锚杆式挡土墙是只有锚拉杆而无锚定板的一种挡土墙,也常作为深基坑开挖的一种经济有效的支挡结构。锚定板挡土墙所受到的主动土压力完全由拉杆和锚定板承受,只要锚杆受到的岩土摩擦阻力和锚定板的抗拔力不小于土压力值时,就可保持结构和土体的稳定。

除了上述几种挡土墙外,还有混合式挡土墙、构架式挡土墙、板桩式挡土墙和土工合成材料挡土墙等,如图 5-20 所示。

二、重力式挡土墙的计算

设计重力式挡土墙时,一般按试算法确定截面尺寸。试算时可结合工程地质、填土性质、墙身材料和施工条件等因素,按经验初步确定截面尺寸,然后进行验算,如不满足可加大截面尺寸或采取其他措施,再重新验算,直到满足要求为止。

计算重力式挡土墙时可按平面问题考虑,即沿墙的延伸方向截取单位长度的一段计算。

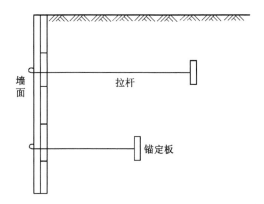

图 5-19 锚定板挡土墙

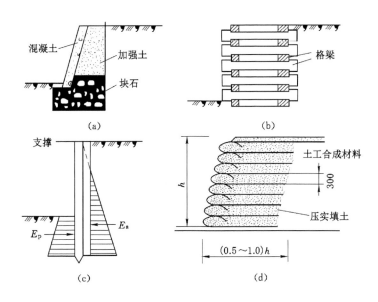

图 5-20 其他形式的挡土结构

(a) 混合式挡土墙;(b) 构架式挡土墙;(c) 板桩式挡土墙;(d) 土工合成材料挡土墙

计算内容通常包括抗倾覆和抗滑移稳定性验算、地基承载力验算、墙身强度验算三方面的内容。作用在挡土墙上的荷载有主动土压力、挡土墙自重、墙面埋入土部分所受的被动土压力,当埋入土中不是很深时,一般可以忽略不计,其结果偏于安全。

1. 抗滑移稳定性验算

图 5-21 为一基地倾斜的挡土墙,挡土墙上作用有自重 G 和主动土压力 E_a,将其分解为平行与垂直于基底的分力 G_t、G_n、E_{at}、E_{an},挡土墙稳定滑移验算应满足下列要求:

$$\frac{(G_n + E_{an})\mu}{E_{at} - G_t} \geqslant 1.3 \tag{5-21}$$

$$G_n = G\cos\alpha_0 \tag{5-22}$$

$$G_t = G\sin\alpha_0 \tag{5-23}$$

$$E_{an} = E_a \cos(\alpha - \alpha_0 - \delta) \tag{5-24}$$

$$E_{at} = E_a \sin(\alpha - \alpha_0 - \delta) \tag{5-25}$$

式中　G——挡土墙每延米自重,kN;

　　　α_0——挡土墙基地的倾角,(°);

　　　α——挡土墙墙背的倾角,(°);

　　　δ——土对挡土墙背的摩擦角,(°);

　　　μ——土对挡土墙基底的摩擦系数,由试验确定,也可按表 5-2 选用。

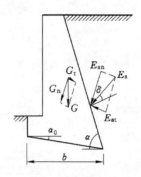

图 5-21　挡土墙抗滑移稳定验算

表 5-2　　　　　　　　　　　　土对挡土墙基底的摩擦系数

土的类别		摩擦系数 μ
黏性土	可塑	0.25～0.30
	硬塑	0.30～0.35
	坚硬	0.35～0.45
砂土		0.30～0.40
中砂、粗砂、砾砂		0.40～0.50
碎石土		0.40～0.60
软质岩		0.40～0.60
表面粗糙的硬质岩		0.65～0.75

注:1. 对易风化的软质岩和塑性指数大于 22 的黏性土,基底摩擦系数通过试验确定。

　　2. 对碎石土,可根据其密实程度、填充物状况、风化程度等确定。

　　验算结果不能满足以上各式的要求时,可把基底变成逆坡,这种方法经济有效,也可将基底做成锯齿状,或在墙底做成凸榫状、在墙踵后加拖板等,如图 5-22 所示。

　　2. 抗倾覆稳定验算

　　图 5-23 所示为一基底倾斜的挡土墙,将主动土压力 E_a 分解为水平力 E_{ax} 和垂直力 E_{az},抗倾覆力矩与倾覆力矩之间的关系应满足下式要求:

$$\frac{Gx_0 + E_{ax}x_f}{E_{ax}z_f} \geqslant 1.6 \tag{5-26}$$

$$E_{ax} = E_a \sin(\alpha - \delta) \tag{5-27}$$

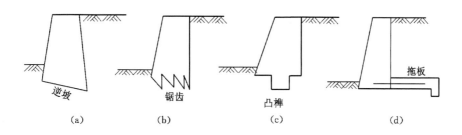

图 5-22　挡土墙抗滑移措施

(a) 逆坡式；(b) 锯齿状；(c) 凸榫状；(d) 墙踵后加拖板

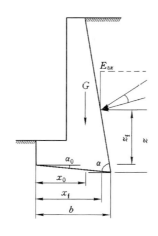

图 5-23　挡土墙抗倾覆稳定验算示意图

$$E_{az} = E_a \cos(\alpha - \delta) \tag{5-28}$$

$$x_f = b - z \cot \alpha \tag{5-29}$$

$$z_f = z - b \tan \alpha_0 \tag{5-30}$$

式中　z——土压力作用点至墙踵的高度，m；

　　　x_0——挡土墙重心至墙趾水平距离，m；

　　　b——基底的水平投影宽度，m。

若验算结果不能满足要求时，可采取下列措施加以满足：

(1) 增大挡土墙断面尺寸，加大 G，但所用材料和工程量增加，修筑成本上升。

(2) 将墙背做成倾斜式，以减少侧向土压力。

(3) 在挡土墙后做卸荷平台，如图 5-24 所示。由于卸荷平台以上土对自重相应增加了挡土墙的自重，减少了土侧向压力，从而增大了抗倾覆力矩。

如图 5-25 所示，挡土墙地基应满足下式要求：

$$\left.\begin{array}{c} p_{kmax} \\ p_{kmin} \end{array}\right\} = \frac{W + E_{ay}}{B}\left(1 \pm \frac{e}{B}\right) \tag{5-31}$$

$$p_{kmax} \leqslant 1.2 f_a \tag{5-32}$$

$$p_{kmin} \geqslant 0 \tag{5-33}$$

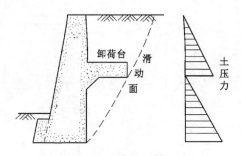

图 5-24 有卸荷台的挡土墙

式中 p_{kmax}、p_{kmin}——分别是挡土墙地面边缘处的最大和最小压应力,kN/m²;

f_a——挡土墙底面下地基土修正后承载力特征值,kN/m²;

e——荷载作用于基础底面上的偏心距(m),计算公式如下:

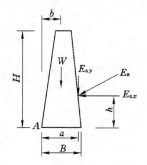

图 5-25 挡土墙的地基承载力验算

$$e = \frac{B}{2} - \frac{Wb + E_{ay}a - E_{ax}h}{W + E_{ay}} \tag{5-34}$$

式中 W——挡土墙单位长度的自重,kN/m。

当基底压力超过修正后的地基承载力特征值时,可设置墙趾台阶。墙趾台阶对于提高挡土墙抗滑移和抗倾覆稳定性效果明显。墙趾的高宽比可取 2∶1,且墙趾水平的水平段长度不得小于 20 cm。

3.墙身强度验算

取若干有代表性的截面(截面急剧变化和转折处)验算,通常墙身和基础接合处的强度能满足,其上部截面强度通常也能满足要求。

三、重力式挡土墙的构造措施

(1)重力式挡土墙适用于高度小于 6 m、地层稳定、开挖土石方时不会危及相邻建筑物安全的地段。

(2)重力式挡土墙的基础埋置深度应根据地基承载力、水流冲刷、岩石裂隙发育及风化等因素来确定。在寒冷地区应考虑冻胀的影响。在土质地基中,基础埋置深度不宜小于 0.5 m;软质岩地基中,基础埋置深度不宜小于 0.3 m。

（3）重力式挡土墙可在基底设置逆坡。对于土质地基,基底逆坡坡度不宜大于 1∶10;对于岩质地基,基底逆坡坡度不宜大于 1∶5。

（4）挡土墙的截面尺寸:一般重力式挡土墙的墙顶宽约为墙高的 1/12,且块石挡土墙墙顶宽度不小于 400 m,混凝土挡土墙墙顶宽度不宜小于 200 mm。底宽为墙高的 1/3~1/2。

（5）重力式挡土墙应每隔 10~20 m 设置一道伸缩缝,当地基有变化时宜加设沉降缝在挡土结构的拐角处,应采用加强的构造措施。

（6）挡土墙排水措施:应在挡土墙上设排水孔,如图 5-26 所示。对于可以向坡外排水的挡土墙,应在挡土墙上设排水孔。排水孔应沿着横竖两个方向设置,其间距宜取 2~3 m,排水孔外斜坡度宜大于等于 5%,孔眼尺寸不宜小于 100 mm。挡土墙后面应做好滤水层,必要时应做排水暗沟。挡土墙后面有山坡时,应在坡脚设置截水沟。对于不能向坡外排水的边坡,应在挡土墙后面设置排水暗沟。

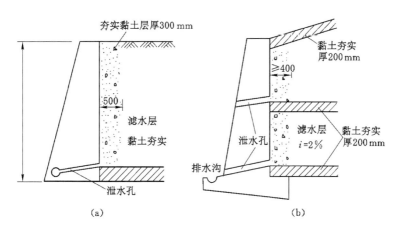

图 5-26　挡土墙的排水措施
（a）挡土墙高度一般且墙后填土水平时的排水构造;（b）挡土墙高度较高且墙后填土倾斜时的排水构造

（7）挡土墙后填土的土质要求:墙后填土应选择透水性强（非冻胀）的填料,如粗砂、砂、砾、块石等,能显著减小主动土压力,而且它们内摩擦角受浸水的影响也小,当采用黏性土时,应适当混以块石。墙后填土必须分层夯实,确保质量满足要求。

第六节　土坡稳定性

一、概述

土坡分天然土坡和人工土坡,由于地质作用而自然形成的土坡,称为天然土坡;人们在修建各类工程时,天然土体重新开挖或填筑而成的土坡,称为人工土坡。土坡的外形和各部位名称如图 5-27 所示。

一部分土体相对于另一部分土体滑动的现象称为滑坡。引起滑坡的根本原因在于土体内部某个面上的剪应力达到了它的抗剪强度（即促进土坡运动的滑动力达到了滑动面上的抗滑力）,致使稳定平衡遭到破坏。剪应力达到抗剪强度的主要原因是剪应力的增加或抗剪

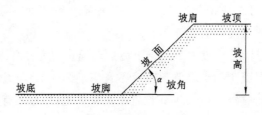

图 5-27　边坡示意图

强度的减小,所以,影响边坡稳定的因素一般有以下几个方面:

(1) 外部荷载增加,降雨使土体饱和容重增加,水库蓄水或水位降落产生渗透力或由于地质打桩等引起的动力荷载等,都会使土体内部剪应力增加。

(2) 雨水入渗或地下水位增加,使土体的 c、ϕ 值减小,或者孔隙水压力上升,或者振动、地震等循环荷载都会使土体的 τ_f 减小。

(3) 在边坡坡趾附近挖方会造成临空面,也会改变土体原来的平衡稳定状态,易导致土坡失稳。此外,动水压力对土坡的稳定性影响也很大。

在一般情况下,无黏性土土坡的滑动面近似于平面,而黏性土土坡的滑动面是曲面,其形状为曲线。在一般土工建筑物中的土坡其长度远比其高度和宽度大得多,故可按平面问题来处理。在进行稳定性分析时,常将均质黏性土土坡破坏时的滑动面假定为一圆柱面,其在平面上的投影为一圆弧,滑动面的位置常是不知道的。因此,在进行稳定性计算时,首先假定一系列可能的滑动面,分别求出它们的抗滑安全系数,从中找出最小值来代表土体的稳定安全系数,相应的滑动面就是最危险的滑动面。

在工程实际中分析土坡稳定性的目的主要有两个:一是根据土坡预定高度、土的性质等已知条件,设计出合理、经济的土坡断面;二是计算土坡的断面是否稳定、合理。

二、无黏性土坡的稳定性分析

无黏性土土坡的滑动面近似于平面。

1. 全干或全部淹没的土坡

均质的无黏性土土颗粒间无黏聚力,对全干或全部淹没的土坡来说,只要坡面上的土粒能够保持稳定,那么整个土坡将是稳定的。

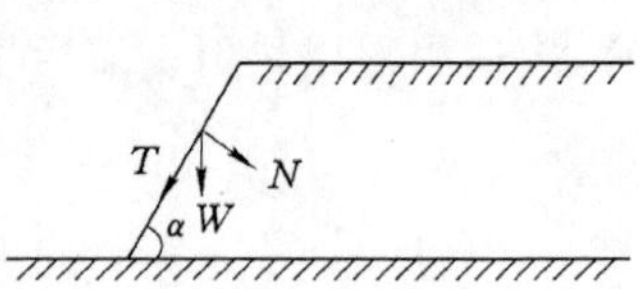

假设土块的重量为 W,它在坡面方向上的下滑力 T 为:

$$T = W \sin \alpha$$

阻止该土块下滑的力是单元土体与坡面间的摩擦力 T_f:

图 5-28　无黏性土坡的稳定性分析

$$T_f = N \tan \phi$$

而

$$N = W \cos \phi$$

如土坡的稳定安全系数定义为抗剪力与剪切力之比(或抗滑力与滑动力之比),则:

$$K = \frac{T_f}{T} = \frac{W \cos \alpha \tan \phi}{W \sin \alpha} = \frac{\tan \phi}{\tan \alpha}$$

由此可见,对于均质无黏性土土坡,只要坡角 α 小于土的内摩擦角 ϕ,无论坡高如何,土坡总是稳定的。$K=1$,土坡处于极限平衡状态,此时 $\alpha=\phi$,称为休止角。设计时,应使 $K>1$,一般取 $K=1.1\sim1.5$。

2. 渗流作用时的土坡

当土坡中有渗流时,沿渗流出逸方向将发生渗透力 $J=i\gamma_w$,此时坡面的单元土体(设其体积为 V)除受自重作用外,尚受渗透力 J 的作用,增大了该土体的滑动力,同时减小了抗滑力。因此,有渗流作用的无黏性土土坡的 K 值为:

$$K=\frac{抗滑力}{滑力}=\frac{[V\gamma'\cos\alpha-i\gamma_w\sin(\alpha-\theta)]\tan\phi}{V\gamma'\sin\alpha+i\gamma_w\cos(\alpha-\theta)}$$

若渗流为顺坡向流出时,$\theta=\alpha$,此时渗透力 J 的方向与坡向一致,土体下滑的剪切力为:

$$T+J=W\sin\alpha+J$$

所以:

$$K=\frac{T_f}{T+J}=\frac{W\cos\alpha\tan\phi}{W\sin\alpha+\gamma_w i}$$

对顺坡出流 $i=\sin\alpha$,所以:

$$K=\frac{\gamma'\cos\alpha\tan\phi}{(\gamma'+\gamma_w)\sin\alpha}=\frac{\gamma'}{\gamma_{sat}}\frac{\tan\phi}{\tan\alpha}$$

在渗流情况下,无黏性土土坡的稳定性要比无渗流情况下要差,$\dfrac{\gamma'}{\gamma_{sat}}\approx\dfrac{1}{2}$,其安全系数降低约一半。

三、黏性土坡的稳定性分析

1. 整体圆弧滑动法

由于黏性土颗粒间存在黏聚力,发生滑坡时是整块土体向下滑动的,坡面上任一单元土体的稳定条件不能代表整个土坡的稳定性。

均质黏性土土坡发生滑动时,其滑动面形状须假定为一圆柱面,并认为滑动面上的滑动土体为刚性体,然后取该土体为脱离体,分析其在各种力作用下的稳定性,其稳态系数 K 可定义为整个滑动面上的平均抗剪强度与平均剪应力之比,实用上常用滑动面上的最大抗滑力矩与滑动力矩之比来定义。

图 5-29 所示为一均质黏性土坡,AC 为假定的滑动面,圆心为 O,半径为 R,土体 $ABCD$ 在重力 W 作用下,将绕圆心 O 旋转而下滑,其滑动力矩为 $M_S=W\cdot d$。

阻止土体滑动的力是滑弧上的抗滑力,其值等于土的抗剪强度 τ_f 与滑弧长度 L 的乘积,故抗滑力矩:

$$M_R=\tau_f\cdot\widehat{L}\cdot R$$

所以:

$$K=\frac{M_R}{M_S}=\frac{\tau_f\cdot\widehat{L}\cdot R}{W\cdot d}$$

为了保证土坡的稳定,K 必须大于 1。

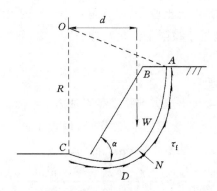

图 5-29　整体圆弧滑动法

这种方法首先由瑞典彼得森(Petterson,1915)提出,故称瑞典圆弧法。

一般情况下,土的抗剪强度 τ_f 由 c 和摩擦力 $\sigma\tan\phi$ 两部分组成,因此,它是随着滑动面上法向应力 σ 的改变而改变,沿整个滑动面并非恒量,但对饱和土在不排水剪条件下,其 $\varphi_u=0,\tau_f=c_u$,即抗剪强度与滑动面上的法向应力无关,于是上式可定义成:

$$K=\frac{c_u\cdot\widehat{L}\cdot R}{W\cdot d}$$

这种分析方法通常称为 $\varphi_u=0$ 分析法,c_u 可用三相不排水剪试验或无侧限抗压强度试验求得。

以上求得的 K 是任意假定的某个滑动面上的 K,而我们要求的是最危险滑动面相对应的最小安全系数,因此,要假定一系列的滑动面,进行多次试算,计算工作量较大。

为了减轻试算工作,费伦纽斯(Fellenius,1927)指出对于均质黏性土土坡,其最危险滑动面常通过坡趾,这样就大大简化了试算的工作量。

2. 泰勒图表法

瑞典圆弧法试算工作量大,因此有不少人寻求简化的图表法,下面介绍其中的一种,即泰勒图表法。

由相关计算可得,土坡的稳定性与土体的抗剪强度指标 c、ϕ,土料容重 γ,以及土坡尺寸 α 和 H_c 五个参数有关,这五个参数考虑到均质黏性土坡的所有物理特性。

泰勒最后标出这五个函数之间的关系,用图来表达其成果,为了简化,又把 c、γ、H_c 合并为一个新的无量纲参数 N,称为稳定数,即:

$$N=\frac{c}{\gamma H_c}$$

根据不同的 ϕ 角可以绘制出 N 与 α 的关系曲线,如图 5-30 所示。

根据图示,可解决以下两类问题:

(1) 已知坡角 α,土的 ϕ、c 和 γ,求最大边坡高度 H_c。由 α、ϕ 查出 N,则:

$$H_c=\frac{c}{\gamma\cdot N}$$

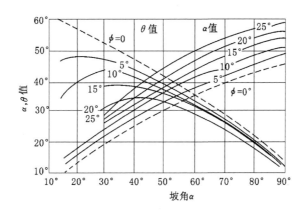

图 5-30　黏性土简单土坡计算图

（2）已知 ϕ、c、γ、H，求稳定坡角 α。由 ϕ 和 $N = \dfrac{c}{\gamma H_c}$，查出 α。

3. 条分法

对于外形比较复杂且 $\phi > 0$ 的土坡，特别是土坡由多土层所构成或有些特殊外力，如渗透力、地震惯性力等，整个滑动土体上力的分析就较为复杂，而且滑动面各点的 τ_f 与该点的法向应力有关，并非均匀分布。所以在分析这类土坡的稳定性时，常将滑动土体分成若干垂直土条，求出各土条对滑弧圆心的抗滑力矩和滑动力矩，分别求其总和。再求出该土坡的 K，这就是常用的条分法。

瑞典工程师费伦纽斯（Fellenius，1927）假定最危险圆弧面通过坡脚，并忽略作用在土条两侧的侧向力，提出了广泛用于黏性土坡稳定性分析的条分发。该法的基本原理是：将圆弧滑动体分为若干土条；计算各土条上的力系对弧心的滑动力矩和抗滑动力矩；抗滑动力矩与滑动力矩之比称为土坡的稳定安全系数；选择多个滑动圆心，通过试算求出多个相应的稳定安全系数。

（1）假定

① 滑动面为圆柱面。

② 滑动土体为不变形的刚性体。

③ 不考虑土体两侧面上的作用力。

④ 各土条的 K 相等。

（2）基本原理

如图 5-31 所示，AC 为假定的滑动面，圆心为 O，半径为 R，现将滑动土体分成若干土条，从中任取一土条分析其受力情况。

① 土条自重 W_i，方向竖直向下，$W_i = \gamma \cdot b_i \cdot h_i$，其可分解为通过圆心的法向分力 N_i 和与滑弧相切的剪切力 T_i：

$$N_i = W_i \cdot \cos \theta_i, \quad T_i = W_i \cdot \sin \theta_i$$

② 作用在土条底面上的法向反力 $\overline{N}_i$，其值与 N_i 大小相等、方向相反。

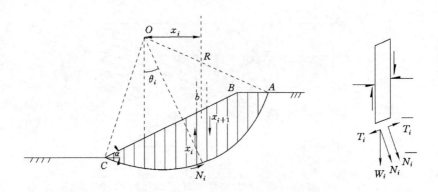

图 5-31　土坡稳定分析的条分法

③ 作用在土条底面上的抗剪力 $\overline{T}_i$，其最大值等于土条底面上土的 τ_f 与滑弧长度 l 的乘积，方向与滑动方向相反。

$$\overline{T}_i = \tau_f \cdot l_i = (c + \sigma_i \cdot \tan\phi) \cdot l_i = c \cdot l_i + N_i \tan\phi$$

所以，由土体自重引起的滑动力矩总和为：

$$M_s = \sum T_i \cdot R = \sum W_i \sin\theta_i \cdot R = R \cdot \sum W_i \cdot \sin\theta_i$$

由土条底部的抗剪力 $\overline{T}_i$ 引起的抗滑力矩总和为：

$$M_R = \sum (c \cdot l_i + N_i \cdot \tan\phi) \cdot R = R \cdot \sum (c \cdot l_i + W_i \cdot \cos\theta_i \cdot \tan\phi)$$

所以：

$$K = \frac{M_R}{M_s} = \frac{\sum (c \cdot l_i + W_i \cdot \cos\theta_i \tan\phi)}{\sum W_i \cdot \sin\theta_i} = \frac{\sum (c \cdot l_i + \gamma \cdot b_i \cdot h_i \cdot \cos\theta_i \cdot \tan\phi)}{\sum \gamma \cdot b_i \cdot h_i \cdot \sin\theta_i}$$

若取各土条宽度均相等，则：

$$K = \frac{c \cdot \hat{l} + \gamma \cdot b \cdot \tan\phi \cdot \sum h_i \cos\theta_i}{\gamma \cdot b \cdot \sum h_i \cdot \sin\theta_i}$$

注意：在计算时要注意土条的位置，当土条在 O 点垂线右侧时，剪切力 T_i 方向与滑动方向相同，引起剪切作用，取"＋"；而当土条位于左侧时，剪切力 T_i 方向与滑动方向相反，引起抗剪作用，取"－"。

假定不同的滑弧，就能得出不同的 K，从中找出最小的 K_{min}，即为土坡的稳定安全系数。

四、土质边坡坡度允许值

《建筑地基基础设计规范》(GB 50007—2011)指出：在山坡整体稳定的条件下，土质边坡的开挖应符合下列规定：

(1) 边坡的坡度允许值，应根据当地经验，参照同类土层的稳定坡度确定。当土质良好且均匀、无不良地质现象、地下水不丰富时，可按表5-3确定。

表 5-3 土质边坡坡度允许值

土的类别	密实度或状态	坡度允许值（高宽比）	
		坡高在 5 m 内	坡高 5～10 m
碎石土	密实	1：0.35～1：0.50	1：0.50～1：0.75
	中密	1：0.50～1：0.75	1：0.75～1：1.00
	稍密	1：0.75～1：1.00	1：1.00～1：1.25
黏性土	坚硬	1：0.75～1：1.00	1：1.00～1：1.25
	硬塑	1：0.75～1：1.00	1：1.25～1：1.50

注：1. 表中碎石的充填物为坚硬或硬塑状态的黏性土。

　　2. 对于砂土或充填物为砂土的碎石土，其边坡坡度允许值均按自然休止角确定。

（2）土质边坡开挖时，应采取排水措施，边坡的顶部应设置截水沟。在任何情况下不允许在坡脚及坡面上积水。

（3）边坡开挖时，应由上往下开挖，依次进行。弃土应分散处理，不得将弃土堆置在坡顶及坡面上。当必须在坡顶或坡面上设置弃土转运站时，应进行坡体稳定性验算，严格控制土方量。

（4）边坡开挖后，应立即对边坡进行防护处理。

在岩石边坡整体稳定的条件下，岩石边坡的开挖坡度允许值应根据当地经验按工程类比原则，参照本地区已有稳定边坡的坡度值加以确定。对于软质岩边坡高度小于 12 m、硬质岩边坡高度小于 15 m 的，边坡开挖时可进行构造处理。

拓 展 练 习

1. 影响土压力的因素有哪些？其中最主要的影响因素是什么？

2. 产生主动、被动土压力的条件是什么？

3. 三种土压力的大小关系如何？

4. 朗肯土压力理论和库仑土压力理论的基本假定有何不同？在什么条件下可以得到相同的结果？

5. 挡土墙的结构类型有哪些？

6. 土坡失稳的主要原因有哪些？

7. 无黏性土土坡稳定的决定因素是什么？如何确定稳定安全系数？

8. 已知挡土墙高 5 m，墙背垂直光滑、填土水平，并作用均布荷载 $q=25$ kPa，填土物理力学指标如图 5-32 所示，求挡土墙墙背所受的静止土压力及分布图。

9. 挡土墙高 5 m，墙背直立、光滑，墙后填土面水平，共分两层，第一层砂土厚 2 m，$\phi=32°$，$\gamma=17$ kN/m^3；第二层为黏性土，厚 3 m，$c=10$ kPa，$\phi=16°$，$\gamma=19$ kN/m^3。试求主动土压力 E_a，并绘出土压力的分布图。

10. 某重力式挡土墙高 5 m，墙后填土面水平，作用在填土面上的大面积均布荷载 15 kPa，墙后填土有两层，上层为黏性土并夹带部分砂、砾石，厚 2 m，$c_1=10$ kPa，$\phi_1=20°$，$\gamma=$

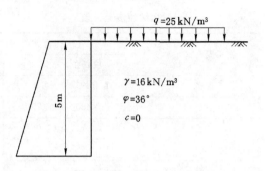

图 5-32 题 8 图

18.0 kN/m³;下层为粉质黏土,厚 3 m,$c_2 = 15$ kPa,$\phi_2 = 15°$,$\gamma_2 = 200$ kN/m³。地下水位在墙顶以下 2 m 处,试求作用在墙背的主动土压力,并绘图表示其分布。

第六章　岩土工程勘察

【**学习目标**】　熟悉并掌握地基勘察的各种方法；了解岩土工程勘察的等级、地基勘察的任务及勘探点的布置；熟知地基勘察报告的编写内容；掌握验槽内容及基槽局部处理方法。

第一节　岩土工程勘察的目的与任务

一、岩土工程勘察的目的和任务

岩土工程勘察是根据建设工程的要求，查明、分析、评价建设场地的地质、环境特征和岩土工程条件，编制勘察文件的活动。勘察的目的是通过不同的勘察手段和方法查明建筑物场地及其附近的工程地质及水文地质条件，为建（构）筑物的设计、施工和生产使用提供建筑场地稳定性、建筑适宜性和地基条件的资料，提出地基设计方案和针对不良地基防治措施的建议。

根据岩土工程勘察涉及的范围和工作侧重点，一般分为场地勘察和地基勘察。场地勘察广泛研究整个工程建设和使用期间场地内是否发生岩土体失稳、自然地质及工程地质灾害等问题；而地基勘察则是为研究地基岩土体在各种静、动荷载作用下所引起的变形和稳定性提供可靠的工程地质和水文地质资料。

岩土工程勘察的内容、方法及工程量的确定取决于工程的技术要求和规模、建筑场地地质条件的复杂程度以及岩土性质。岩土工程勘察应建立在搜集（构）筑物上部荷载、功能特点、结构类型、基础形式、埋置深度和变形限制等方面资料的基础之上进行下列工作：

（1）查明场地和地基的稳定性，地层结构、持力层和下卧层的工程特性，土的应力历史和地下水条件以及不良地质作用等。

（2）提供满足设计、施工所需的岩土参数，确定地基承载力，预测地基变形性状。

（3）提出地基基础、基坑支护、工程降水和地基处理设计与施工方案的建议。

（4）提出对建筑物有影响的不良地质作用的防治方案建议。

（5）对于抗震设防烈度等于或大于 6 度的场地，应进行场地与地基的地震效应评价。

二、岩土工程勘察的阶段划分

岩土工程勘察的划分，宜与工程设计的三个阶段（可行性研究、初步设计和施工图设计）相适应。一般可分为可行性研究勘察（或称选址勘察）、初步勘察、详细勘察三个阶段，用以满足相应的工程设计阶段对地质资料的要求。对于地质条件简单且工程地质资料比较齐全或对工程的地质条件较熟悉和有建设经验的地区，为简化勘察阶段，可直接进行一次性勘察,但应同时满足其他两阶段的要求。场地条件复杂或有特殊要求的工程,宜进行施工勘察。

1. 可行性研究勘察阶段

这一阶段的勘察应符合场址选择的要求,对拟建场地的稳定性和适宜性做出评价。主要任务包括:搜集区域地质、地形地貌、地震、矿产和当地的工程地质、岩土工程以及建筑经验等资料;了解场地的地层、构造、岩性、不良地质作用和地下水等工程地质条件;当拟建场地工程地质条件复杂,已有资料不能满足要求时,应根据具体情况进行工程地质测绘和必要的勘探工作;当有两个或两个以上拟选场地时,应进行技术经济比较分析。

选址时宜避开下列地段:

(1) 不良地质现象发育且对场地稳定性有直接危害或潜在威胁的。

(2) 地基土性质严重不良的。

(3) 对建筑物抗震有严重危害的。

(4) 洪水或地下水对建筑场地有严重不良影响的。

(5) 地下有可开采的有价值矿藏,且开采对场地稳定性有影响的,或存在对场地稳定性有影响的地下采空区。

2. 初步勘察阶段

这一阶段的勘察应符合初步或扩大初步设计的要求。主要任务包括:搜集拟建工程的有关文件、工程地质和岩土工程资料以及工程场地范围的地形图;初步查明地质构造、地层结构、岩土工程特性、地下水埋藏条件;查明场地不良地质作用的成因、分布、规模、发展趋势,并对场地的稳定性做出评价;对抗震设防烈度等于或大于 6 度的场地,应对场地和地基的地震效应做出初步评价;季节性冻土地区,应调查场地土的标准冻结深度;初步判定水和土对建筑材料的腐蚀性;高层建筑初步勘察时,应对可能采取的地基基础类型、基坑开挖与支护、工程降水方案进行初步分析评价。

3. 详细勘察阶段

详细勘察应符合施工图设计的要求。主要任务包括:搜集附有坐标和地形的建筑总平面图,场区的地面整平标高,建(构)筑物的性质、规模、荷载、结构特点,基础形式、埋置深度,地基允许变形等资料;查明不良地质作用的类型、成因、分布范围、发展趋势和危害程度,提出整治方案的建议;查明建筑范围内岩土土层的类型、深度、分布、工程特性,分析和评价地基的稳定性、均匀性和承载力;对需进行沉降计算的建(构)筑物,提出地基变形计算参数,预测建(构)筑物的变形特征;查明埋藏的河道、沟浜、墓穴、防空洞、孤石等对工程不利的埋藏物;查明地下水的埋藏条件,提供地下水位及其变化幅度;在季节性冻土地区,提供场地土的标准冻结深度;判定水和土对建筑材料的腐蚀性。

第二节　岩土工程勘察的方法

一、岩土工程勘察等级

根据工程的规模、特性以及由于岩土工程问题造成的工程破坏或影响正常使用的后果,岩土工程勘察可分为三个工程重要性等级,见表 6-1。

表 6-1　　　　　　　　　　　岩土工程勘察重要性等级

重要性等级	划分依据
一级	重要工程,后果很严重
二级	一般工程,后果严重
三级	次要工程,后果较严重

根据场地的复杂程度,场地复杂程度等级分为三级,见表 6-2。

表 6-2　　　　　　　　　　　场地复杂程度等级划分

场地等级	符合条件	备注
一级场地	① 对建筑抗震危险的地段; ② 不良地质作用强烈发育; ③ 地质环境已经或可能受到强烈破坏; ④ 地形地貌复杂; ⑤ 有影响工程的多层地下水、岩溶裂隙水或其他水文地质复杂需专门研究	
二级场地	① 对建筑抗震不利的地段; ② 不良地质作用一般发育; ③ 地质环境已经或可能受到一般破坏; ④ 地形地貌较复杂; ⑤ 基础位于地下水位以下的场地	① 每项符合所列条件之一即可; ② 从一级开始,向二级、三级推定,以最先满足的为准; ③ 对抗震有利、不利和危险地段的划分,应按现行国家标准《建筑抗震设计规范》(GB 50011—2010)的规定确定
三级场地	① 抗震设防烈度等于或小于 6 度或对建筑抗震有利的地段; ② 不良地质作用不发育; ③ 地质环境基本未受破坏; ④ 地形地貌较简单; ⑤ 地下水对工程无影响	

根据地基的复杂程度,地基(开挖工程为岩土介质)复杂程度等级分为三级,见表 6-3。

表 6-3 地基复杂程度等级划分

地基等级	符合条件	备注
一级地基	① 岩土种类多,很不均匀,性质变化大,需特殊处理; ② 严重湿陷、膨胀、盐渍、污染的特殊性岩土,以及其他情况复杂、需做专门处理的岩土	① 符合所列条件之一即可; ② 从一级开始,向二级、三级推定,以最先满足的为准
二级地基	① 岩土种类较多,不均匀,性质变化较大,地下水对工程有不利影响; ② 除本条第一款规定以外的特殊性岩土	
三级地基	① 岩土种类单一,均匀,性质变化不大; ② 无特殊性岩土	

岩土工程勘察等级,应根据工程重要性等级、场地复杂程度等级和地基复杂程度等级综合评价分析确定,并按表 6-4 中所列条件进行划分。

表 6-4 岩土工程勘察等级划分

岩土工程勘察等级	确定勘察等级的条件
甲级	在工程重要性等级、场地复杂程度等级和地基复杂程度等级中,有一项或多项者为一级
乙级	除勘测等级为甲级和丙级以外的勘察项目
丙级	工程重要性等级、场地复杂程度等级和地基复杂程度等级均为三级

二、勘察点的布置

(1) 详细勘察的勘探点布置应按岩土工程勘察等级确定,并应符合《岩土工程勘察规范》(GB 50021—2001)的有关规定:

① 勘探点宜按建筑物周边线和角点布置,对无特殊要求的其他建筑物可按建筑物(群)的范围布置。

② 同一建筑范围内的主要受力层或有影响的下卧层起伏较大时,应加密勘探点,查明其变化。

③ 重大设备基础应单独布置勘探点;重大的动力机器基础和高耸构筑物,勘探点不宜少于 3 个。

④ 勘探手段宜采用钻探与触探相配合,在复杂地质条件、湿陷性土、膨胀岩土、风化岩和残积土地区,宜布置适量探井。地基勘察的勘探点间距确定见表 6-5。

表 6-5 勘探点间距

地基复杂程度等级	初步勘察		详细勘察
	线间距/m	点间距/m	点间距/m
一级	50～100	30～50	10～15
二级	75～150	40～100	15～30
三级	150～300	75～200	30～50

⑤ 单栋高层建筑勘探点的布置,应满足对地基均匀性评价的要求,且不应少于4个;对密集的高层建筑群,勘探点可适当减少,但每栋建筑物至少应有1个控制性勘探点。

(2) 勘探孔可分为一般性勘探孔和控制性勘探孔,详细勘察的勘探孔深度自基础底面算起,应符合下列规定:

① 勘探孔深度应能控制地基主要受力层,当基础底面宽度不大于5 m时,勘探孔的深度对于条形基础,不应小于基础底面宽度的3倍;对于单独柱基础,不应小于基础底面宽度的1.5倍,且不应小于5 m。

② 对于高层建筑和需做变形计算的地基,控制性勘探孔的深度应超过地基变形计算深度;高层建筑的一般性勘探孔应达到基底以下0.5～1.0倍的基础宽度,并深入稳定分布的地层;地基计算深度,对于中、低压缩性土,可取附加压力等于上覆土层有效自重压力20%的深度;对于高压缩性土层,可取附加压力等于上覆土层有效自重压力10%的深度。

③ 对有地下室的建筑或高层建筑的裙房(或当基底压力 $p_0 \leqslant 0$ 时)的控制性勘探孔的深度可适当减小,但应深入稳定分布地层,且根据荷载和土质条件不宜少于基底下0.5～1.0倍基础宽度;当不能满足抗浮设计要求,需设置抗浮桩或锚杆时,勘探孔深度应满足抗拔承载力评价的要求。

④ 当有大面积地面堆载或软弱下卧层时,应适当加深控制性勘探孔的深度。

⑤ 当需确定场地抗震类别而邻近无可靠的覆盖层厚度资料时,应布置波速测试孔,其深度应满足确定覆盖层厚度的要求。

⑥ 大型设备基础勘探孔深度不宜小于基础底面宽度的2倍;当需要进行地基整体稳定性验算时,控制性勘探孔深度应根据具体条件满足验算要求。

⑦ 当需进行地基处理时,勘探孔深度应满足地基处理设计与施工要求;当采用桩基时,勘探孔的深度应满足采用桩基时详勘对勘探孔深度的要求。

⑧ 在上述规定深度内遇基岩或厚层碎石土等稳定地层时,勘探孔深度应根据情况进行调整。

三、岩土工程勘察方法

岩土工程勘察的手段通常采用钻探取样、室内土工试验、触探与原位测试,有时也采用坑(槽)探和地球物理勘探等。

1. 坑(槽)探、钻探

坑(槽)探,是指在建筑场地开挖探坑或探槽直接观察地基情况,并从坑槽中取高质量原状土进行试验分析,这是一种不必使用专门机具的勘探方法,如图6-1所示。钻探是用钻机向地下钻孔以进行地质勘察,是目前应用最广的勘察方法。二者的用途和特点总结见表6-6。

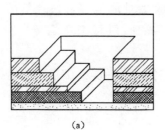 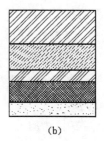

(a)　　　　　　　　　　　　(b)

图 6-1　坑探示意图

(a) 坑探示意图；(b) 坑探柱状图

表 6-6　　　　　　　　　　　　坑探和钻探的用途

名称	用途	特点	适用范围
坑探	① 划分地层，确定土层的分界面，了解构造线情况，鉴别和描述土的表观特征； ② 确定地下水埋深，了解地下水的类型； ③ 取原状土样供试验分析	① 直接观察地基土层情况，能取得直接资料和高质量原状土样； ② 可达的深度较浅，一般为不超过 3～4 m	地质条件比较复杂，要了解的土层埋藏不深，且地下水位较低
钻探	① 划分地层，确定土层的分界面高程，鉴别和描述土的表观特征； ② 取原状土或扰动土样供试验分析； ③ 确定地下水埋深，了解地下水的类型； ④ 在钻孔内进行触探试验或其他原位试验	① 通过取土（岩）芯观察地基土层情况；可达的深度较深（几米到上百米）； ② 经济、高效	地质条件一般，要了解的土层埋藏较深，且地下水位较深

　　钻探所用的工具包括机钻和人力钻两种。机钻一般分为回转式钻机和冲击式钻机两种。回转式钻机是利用钻机的回转器带动钻具旋转，磨削孔底地层而钻进，通常使用管状钻具能取柱状岩芯标本（或土样）。冲击式钻机则是利用卷扬机借助钢丝绳带动有一定重量的钻具上下反复冲击，使钻头击碎孔底地层形成钻孔后，以抽筒提取岩石碎块或扰动土样。钻机可以在钻进过程中连续取土样，从而能比较准确地确定地下土层随深度变化的情况以及地下水的情况。人力钻常用麻花钻、洛阳铲为钻具，借助人力成孔，设备简单，使用方便。但只能取结构被破坏的土样，用以查明地基土层的分布，其钻孔深度一般不超过 6 m。由于钻探对象不同，钻探又分为土层钻探和岩层钻探。

　　工程地质勘察中，取样质量的优劣会直接影响最终的勘察成果，故选用哪一种形式的取土器十分重要。取土器上部封闭性能的好坏决定取土器能否顺利进入土层和在提取时土样是否可能漏掉。常用的具有上部封闭装置结构的取土器为活阀式和球阀式两种。图 6-2 所示为上提活阀式取土器。钻探时，按不同土质条件，常分别采用击入或压入两种方式在钻孔中取得原状土样。击入法一般以重锤少击效果较好;压入法则以快速压入为宜,这样可以减少取土过程中对土样的扰动。

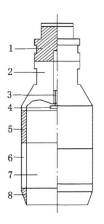

图 6-2　上提活阀式取土器

1——接头;2——连接帽;3——操纵杆;4——活阀;5——余土筒;6——衬筒;7——取土筒;8——管靴

2. 地球物理勘探

地球物理勘探(简称物探)是一种兼有勘探和测试双重功能的技术。物探是利用不同土层和地质结构具有不同物理性质如导电性、磁性、弹性、密度、天然放射性等的差异,通过专门的物探仪器测量,以区别和推断有关地质问题。在地基勘探的下列方面宜用物探:

(1)作为钻探的先行手段,了解隐蔽的地质界线、界面或异常带、异常点,为经济合理地确定钻探方案提供依据。

(2)作为钻探的辅助手段,在钻孔之间增加物探,为钻探成果的内插、外插提供依据。

(3)测定岩土某些特殊参数,如波速、动弹性模量、土对金属的腐蚀性等。

常用的物探方法主要有电阻率法、电位法、地震、声波、电视测井等。

3. 原位测试

原位测试技术是在土原来(天然)所处的位置对土的工程性能进行测试的一种技术。测试的目的在于获得有代表性的和反映现场实际的基本设计参数,包括地质剖面的几何参数、岩土原位初始应力状态和应力历史、岩土工程参数。常用的原位测试方法包括载荷试验、触探(静力触探与动力触探)、旁压试验以及其他现象试验等。

(1)载荷试验

载荷试验是一种模拟实体基础承受荷载的原位试验,用以测定基础土的变形模量、地基承载力以及估算建筑物的沉降量等。工程中常认为这是一种能够提供较为可靠成果的试验方法,所以对于一级建筑物地基或复杂地基,特别是对于松散砂土,取原状土很困难时,均要求进行这种试验。

进行载荷试验要在建筑场地选择适当的地点挖坑到要求的深度。在坑底设立如图 6-3(b)所示的装置。试验时,对荷载板逐级加载,测量每级载荷 p 所对应的载荷板的沉降 s,得到 $p\text{-}s$ 曲线,如图 6-3(a)所示。在试验过程中,如果出现下列现象之一,即认为地基破坏,可终止试验:

① 荷载板周围的土有明显侧向挤出或径向裂纹持续发展。

② 本级荷载沉降量大于前级荷载沉降量的 5 倍,荷载与 $p\text{-}s$ 曲线出现明显陡降段。

③ 在某级荷载下 24 h 内沉降速率不能达到稳定标准。

从 $p\text{-}s$ 曲线可以计算土的变形模量。

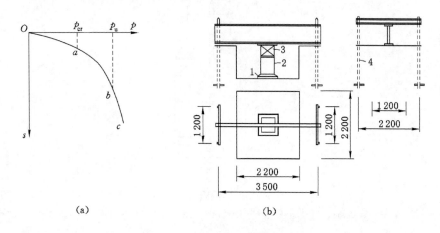

图 6-3 平板载荷试验示意图

(a) $p\text{-}s$ 曲线;(b) 载荷试验装置

1——荷载板;2——支柱;3——千斤顶;4——锚定木桩

(2) 触探

触探既为一种探测方法,也是一种现场测试方法。触探是通过探杆用静力或动力将金属探头贯入土层,并量测能表征土对触探头贯入的阻抗能力的指标,从而间接地判断土层及其性质的一类勘探方法和原位测试技术。触探作为勘探手段,可用于划分土层、了解地层的均匀性;作为测试技术,则可估计地基承载力和土的变形指标等。

① 静力触探

静力触探试验借静压力将触探头压入土层,利用电测技术测得贯入阻力来判断土的力学性质。适用于软土、一般黏性土、粉土、砂土和含少量碎石的土。与常规的勘探手段比较,静力触探有其独特的优越性,它能快速、连续地探测土层及其性质的变化,常在拟订桩基方案时采用。

静力触探设备中的核心部分是触探头。如图 6-4 所示,当探头贯入土中时,顶柱将探头套受到的土层阻力传到空心柱上部,由于空心柱下部用丝扣与探头管连接,遂使贴于其上的电阻应变片与空心柱一起产生拉伸变形,这样,探头在贯入过程中所受到的土层阻力就可以通过应变片变成电信号并由仪表量测出来。探头按其结构分为单桥和双桥两种,其特点见表 6-7。

② 动力触探

动力触探是用一定质量的重锤,以一定高度的自由落距,将标准规格的圆锥形探头插入土中;测定使探头贯入土中的一定深度所需要的锤击数,以锤击数的多少判定被测土的力学特性。根据探头的形式,可以分为以下两种类型。

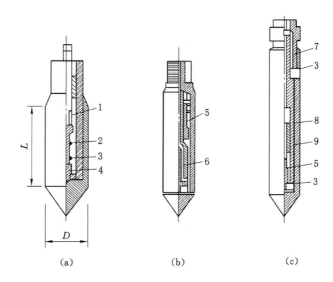

图 6-4 静力触探探头

1——电缆；2——空心柱传感器；3——顶柱；4——电缆丝片；5——f_a 传感器；

6——q_c 传感器；7——空心柱（f_a 传感器）；8——侧摩擦套筒；9——测 p_a 锥头

表 6-7   单桥探头与双桥探头的特点

类型	土层阻力表达式	作用
单桥探头	$p_s = Q/A$	根据比贯入阻力 p_s，反映土的某些力学性质，估算土的承载力、压缩性指标等
双桥探头	$q_p = Q_p/A$ $q_s = Q_s/S$	根据 q_s 和 q_p 可求出桩身的侧壁阻力和桩端阻力，反映土的某些力学性质，估算土的承载力、压缩性指标等

注：1. 单桥探头测到的是包括锥尖阻力和侧壁摩擦阻力在内的总贯入阻力 Q（kN），通常用比贯入阻力 p_s（kPa）表示。A 为探头截面面积，m^2。

2. 双桥探头则能分别测定锥底的总阻力 Q_p 和侧壁的总摩擦阻力 Q_s，单位面积上的锥头阻力和单位面积上的侧壁阻力分别为 q_p、q_s。S 为锥头侧壁摩擦筒的表面积，m^2。

a. 标准贯入试验（管形探头）

标准贯入试验应与钻探工作相配合。其设备是在钻机的钻杆下端连接标准贯入器（图 6-5），将质量为 63.5 kg 的穿心锤套在钻杆上端组成的。试验时，穿心锤以 76 cm 的落距自由下落，将贯入器垂直打入土层中 15 cm（此时不计锤击数），随后记下将贯入器打入土层 30 cm 的锤击数 N；试验后拔出贯入器，取出其中的土样进行鉴别描述。在规范中，以它作为确定砂土和黏土地基承载力的一种方法。在《建筑抗震设计规范》（GB 50011—2010）中，以它作为判定地基土层是否可液化的主要方法。此外，还可以根据 N 值确定砂土的密实程度。

标准贯入试验中，随着钻杆入土长度的增加，杆侧土层的摩擦阻力以及其他形式的能量消耗也增大了，因而测得的锤击数 N 值偏大。钻杆长度大于 3 m 时，锤击数应按下式校正：

$$N_{63.5} = aN \tag{6-1}$$

式中 $N_{63.5}$——标准贯入试验锤击数；

a——触探杆长度校正系数，具体取值见表 6-8。

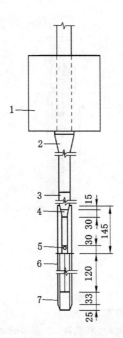

图 6-5　标准贯入试验设备(单位:mm)
1——穿心锤;2——锤垫;3——触探杆;4——贯入器头;
5——出水孔;6——贯入器身;7——贯入器靴

表 6-8 　　　　　　　　　　　　　　**触探杆长度校正系数**

触探杆长度/m	≤3	6	9	12	15	18	21
校正系数	1.00	0.92	0.86	0.81	0.77	0.73	0.70

b. 圆锥形探头

这类动力触探依贯入能量不同分为轻型、重型和超重型三类,其规格见表 6-9。轻型动力触探的设备如图 6-6(a)所示,试验设备主要由探头、触探杆、穿心锤等组成,轻型触探试验是用来确定黏性土和素填土地基承载力和基槽检验的一种手段。

表 6-9 　　　　　　　　　　　　　　**圆锥动力触探类型**

类型	锤质量/kg	落距/cm	探头形状	贯入指标	触探杆外径/mm	主要适用岩土类型
轻型	10	50	圆锥头角 60°,探头直径 40 mm,如图 6-6(a)所示	贯入 30 mm 的锤击	25	浅部填土、砂土、粉土、黏性土
重型	63.5	76	圆锥头角 60°,探头直径 74 mm,如图 6-6(b)所示	贯入 100 mm 的锤击	42～50	砂土、中密以下的碎石土、极软岩
超重型	120	100	圆锥头角 60°,探头直径 74 mm	贯入 100 mm 的锤击	50～63	密实和很密实的碎石土、软岩、极软岩

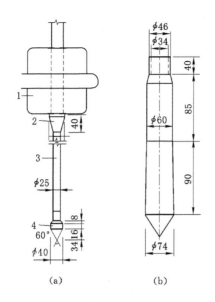

(a)　　　　　(b)

图 6-6　轻便触探设备(单位:mm)
1——穿心锤;2——锤垫;3——触探杆;4——尖锥头

第三节　岩土工程勘察报告

一、勘察报告的编制

岩土工程勘察的最终成果是以岩土工程勘察报告书的形式提出的。勘察工作结束后,把取得的野外工作、室内试验的记录和数据以及搜集到的各种直接和间接的资料分析整理、检查、分析,确认无误后进行归纳总结,并做出建筑场地的工程地质评价,最后应以简要明确的文字和清晰的图表形式编成报告书。

勘察报告书的编制必须配合相应的勘察任务要求,针对勘察阶段、工程特点和地质条件等提出选择地基基础方案的依据和设计计算数据,指出存在的问题以及解决问题的途径和办法。要求勘察报告书资料完整、真实准确、数据无误、图表清晰、结论有据、建议合理、便于使用和适宜长期保存,并应因地制宜、重点突出、有明确的工程针对性。

一份单项工程的勘察报告书一般应包括的主要内容见表 6-10。

表中内容应视具体要求和实际情况有所侧重,并以充分说明问题为基准。对于丙级岩土工程勘察的成果报告内容可适当简化,以图表为主,文字说明为辅。但对于甲级岩土工程勘察的成果报告除表中规定外,还应针对专门性的岩土工程问题提交专门的试验报告、研究报告或监测报告。

表 6-10   勘察报告书主要内容

文字内容	图件	专题报告（任务需要时提供）
① 勘察目的、任务要求和依据的技术标准； ② 拟建工程概况； ③ 勘察方法和勘察工作布置； ④ 场地地形、地貌、地层、地质构造、岩土性质及其均匀性； ⑤ 各项岩土性质指标，岩土的强度参数、变形参数、地基承载力的建议值； ⑥ 地下水埋藏情况、类型、水位及其变化、土层的冻结深度； ⑦ 土和水对建筑材料的腐蚀性； ⑧ 对可能影响工程稳定的不良地质作用的描述和对工程危害程度的评价； ⑨ 场地稳定性和适应性的评价	① 勘察点平面布置图。 ② 工程地质剖面图。 ③ 工程地质柱状图。 ④ 原位测试成果图表。 ⑤ 室内试验成果图表，当需要时可提供： a. 综合工程地质图； b. 综合地质柱状图； c. 地下水等水位线图； d. 综合分析图表； e. 岩土工程计算简图； f. 计算成果图表等	① 岩土工程测试报告； ② 岩土工程检验或监测报告； ③ 岩土工程事故调查与分析报告； ④ 岩土利用、整治或改造方案报告； ⑤ 专门岩土工程问题的技术咨询报告

二、勘察报告的阅读和使用

　　为了充分发挥勘察报告在设计和施工工作中的作用，必须重视对勘察报告的阅读和使用。阅读勘察报告应熟悉勘察报告的主要内容，了解勘察结论和岩土参数的可靠程度，进而判断报告中的建议对该项工程的适用性。正确使用勘察报告，应把场地的工程地质条件与拟建建筑物具体情况和要求联系起来进行综合分析，既要从场地工程地质条件出发进行设计施工，又要在设计施工中发挥主观能动性，充分利用有利的工程地质条件。以下通过实际例子来说明建筑场地和地基工程地质条件综合分析的主要内容及其重要性。

　　1. 地基持力层的选择

　　一般情况，地基基础设计应在满足地基承载力和沉降这两个基础要求的前提下，尽量采用比较经济的天然地基浅基础。这时，地基持力层的选择应该从地基、基础和上部结构的整体性出发，综合考虑场地的土层分布情况和土层的物理力学性质，以及建筑物的体型、结构类型和荷载的性质与大小等情况。

　　通过勘察报告的阅读、分析，在熟悉场地各土层的分布和性质（层次、状态、压缩性和抗剪强度、土层厚度、埋深及均匀程度等）的基础上，初步选择适合上部结构特点和要求的土层，经过试算或方案比较后做出最后决定。合理确定地基土的承载力是选择地基承载力层的关键，而地基承载力实际上取决于许多因素，采用单一的方法确定承载力未必十分合理，必要时，可以通过多种测试手段，并结合实践经验适当予以增减，以取得更好的实际效果。

　　例如，某地拟建住宅楼，地上 11 层，地下 1 层。建筑场地位于北秦岭地槽范围，具有发生中等强烈地震的地质背景。勘察揭露深度内地层从上至下依次为第四系全新统人工填土，第四系全新统冲积层为黄土状粉土、黄土状粉质黏土，上更新统冲积层为黄土状粉土、黄土状粉质黏土，中更新统冲积层为粉土、粉质黏土和卵石。为了准确测定有关岩土参数及相关勘察评价指标,综合采用钻探、人工取土试样探井、标准贯入试验、超重型圆锥动力触探试验、波速测试和室内土工试验等多种勘察手段。实验结果表明:建筑场地为抗震有利地段,住宅楼基础下地基适宜采用复合地基方案处理。处理的有效深度不应小于14.00 m,并以第⑤层黄土状粉土作为持力层。结合工程规模、造价和工期等因素,场地采用重锤夯实水泥土挤密法处理地基,并采用筏形基础。

在阅读和使用勘察报告时,应注意所提供资料的可靠性。由于勘探方法本身的局限性,勘察报告不可能充分或准确反映场地的所有特征。而且在测试工作中,由于人为和仪器设备的影响,也可能造成勘察成果的失真而影响报告的可靠性。因此,在使用报告过程中,应注意分析发现问题,查清可疑的关键性问题,以便少出差错。对于一般中小型工程,可用室内试验指标作为主要依据。

2. 场地稳定性评价

地质条件复杂的地区,综合分析的首要任务是评价场地的稳定性,其次才是地基的强度和变形问题。场地的地质构造(断层、褶皱等),不良地质现象(泥石流、滑坡、崩塌、岩溶塌陷等),地层成层条件和地震等都会影响场地的稳定性。在勘察中必须查明其分布规律、具体条件、危害程度。在断层、向斜、背斜等构造地带和地震区修建建筑物时,必须慎重对待,且在可行性研究勘察报告中,应指明宜避开的危险场地,但对于相对稳定的构造断裂地带,还是可以考虑作为建筑场地的。

在不良地质现象发育且对场地稳定性有直接危害或潜在威胁的地区,如不得不在其中较为稳定的地段进行建筑,必须事先采取有力措施防患于未然,以免造成更大的损失。

三、勘察报告实例

××市××区培训中心
岩土工程勘察报告

(详细勘察)(工程编号:2008-057)

1. 工程概况

拟建培训中心由办公楼及地下车库组成,其中办公楼建筑面积3.5万 m^2,地上21层,地下1层,高76 m,框架-剪力墙结构,柱距9.0 m,跨度9.0 m,最大单柱荷重约20 000 kN,基础埋深±0.000下5.5 m,地下室埋深±0.000下4.2 m拟采用筏形基础或桩基础;地下车库建筑面积0.8万 m^2,一层,柱距9.0 m,跨度9.0 m,最大单柱荷重约3 500 kN,基础埋深±0.000下5.5 m,拟采用独立基础。

根据《岩土工程勘察规范》(GB 50021—2001)有关规定,该工程重要性等级为二级,场地等级为二级(中等复杂场地),地基等级为二级(中等复杂地基),综合确定岩土工程勘察等级为乙级。根据《建筑地基基础设计规范》(GB 50007—2001)有关规定,该工程地基基础设计等级为乙级。根据《建筑抗震设计规范》(GB 50011—2010)有关规定,该工程抗震设防类别为丙类。

(1)勘察目的和任务

本次勘察主要为建筑物施工图设计提供详细的岩土工程资料和有关技术参数,对地基

做出岩土工程分析与评价。因此,根据国家有关规范和设计方提供的工程地质勘察技术要求,本次勘察的主要目的如下:

① 查明建筑场地的地层结构,提供各地基土层的物理力学性质指标。

② 查明建筑场地的湿陷类型及湿陷性土层的分层情况,并评价地基的湿陷等级。

③ 查明建筑场地地基土的分布特征,尤其是重点查明拟作为基础持力层的卵石层的均匀性和密实度,查明夹层分布情况,并评价地基的均匀性。

④ 查明地下水的埋藏条件、类型及其对混凝土结构的腐蚀性,评价地下水对基础施工的影响。

⑤ 对场地的地震效应做出评价。

⑥ 根据建筑物的结构特点及场地的工程地质条件,推荐经济合理的地基基础方案并提供基础设计所需的岩土参数。

⑦ 对基坑开挖边坡的稳定性进行分析,并提供合理建议。

(2) 勘察依据

① 岩土工程勘察合同。

② 工程地质勘察技术要求。

③《岩土工程勘察规范》(GB 50021—2001)。

④《高层建筑岩土工程勘察标准》(JGJ/T 72—2017)。

⑤《建筑地基基础设计规范》(GB 50007—2011)。

⑥《建筑抗震设计规范》(GB 50011—2010)。

⑦《建筑地基处理技术规范》(JGJ 79—2012)。

⑧《建筑桩基技术规范》(JGJ 94—2008)。

⑨《土工试验方法标准》(GB/T 50123—1999)。

⑩《湿陷性黄土地区建筑规范》(GB 50025—2004)。

⑪《岩土工程勘察报告编制标准》(CECS 99—1998)。

(3) 勘察概况

(略)。

2. 场地工程地质条件

(1) 地形地貌

拟建场地地形基本平坦,各勘探点孔口标高变化在 164.82～165.67 m,最大高差为 0.85 m。拟建场地地貌单元属于涧河Ⅱ级阶地。

(2) 环境工程地质条件

拟建场地位于公司院内,四周紧邻大多已有建筑,施工时应避免对周围建筑物及环境造成较大的影响。另外,据了解,拟建场地有防空洞通过,设计和施工前应查明其埋深及分布范围,并进行处理,确保其不对建筑物产生不利影响。

(3) 地层结构

根据野外钻探、室内土工试验及原位测试成果,场区地层分布呈河流阶地"二元"结构,上覆为第四纪冲洪积作用所形成的黄土状粉质黏土及粉土层,下伏为卵石层。上部黄土状土层中局部夹砂薄层,下部卵石层中分布有强度相对较低的夹层。本次勘探深度内的地基土自上而下分述如下:

① 填土（Q_4^{ml}）：以杂填土为主，主要由碎石、砖块、煤渣等建筑垃圾及粉质黏土组成，土质松散，结构性差。层厚 0.30～1.10 m。

② 黄土状粉质黏土（Q_4^{2al+pl}）：黄褐色，硬塑至坚硬。具有针状孔隙及大孔隙，含氧化铁条纹、少量钙丝，可见虫孔、虫屎及植物根等，偶见炭末。该层土无摇震反应，韧性中等，干强度中等，稍有光滑。该层为新近堆积黄土层，结构性较差，强度较低。压缩系数平均值 $\alpha_{1-2}=0.17$ MPa^{-1}，属中压缩性土，具有轻微湿陷性。层厚 1.90～2.50 m，层顶标高 164.17～164.84 m。

③ 黄土状粉质黏土（Q_4^{1al+pl}）：浅褐色，硬塑至坚硬。具有针状孔隙及大孔隙，含锰质斑，稍显块状。该层土无摇震反应，干强度较高，韧性较高，稍有光滑。压缩系数平均值 $\alpha_{1-2}=0.16$ MPa^{-1}，属中压缩性土。层厚 1.00～1.60 m，层顶标高 162.02～162.57 m。

④ 黄土状粉质黏土（Q_3^{al+pl}）：黄褐至浅黄褐色，可塑至硬塑。具有针状孔隙及大孔隙，含铁锰质氧化物及少量小姜石，可见贝壳碎屑。该层土无摇震反应，干强度中等，韧性中等，稍有光滑。压缩系数平均值 $\alpha_{1-2}=0.16$ MPa^{-1}，属中压缩性土，具有轻微湿陷性。层厚 1.50～2.30 m，层顶标高 160.67～161.47 m。

⑤ 黄土状粉质黏土（Q_3^{al+pl}）：浅黄褐色，可塑至硬塑，局部坚硬。具针状孔隙及大孔隙，含氧化铁条纹，有锰质斑及小姜石，可见虫孔及贝壳碎屑。该层土无摇震反应，干强度中等，韧性中等，稍有光滑。压缩系数平均值 $\alpha_{1-2}=0.18$ MPa^{-1}，属中压缩性土，具有轻微湿陷性。层厚 2.10～2.70 m，层顶标高 158.64～159.44 m。

⑥ 黄土状粉质黏土（Q_3^{al+pl}）：浅黄褐色至黄褐色，可塑至硬塑，局部坚硬。具针状孔隙及少量大孔隙，含铁锰质氧化物及小姜石，偶见贝壳碎屑。该层土无摇震反应，干强度较高，韧性较高，稍有光滑。压缩系数平均值 $\alpha_{1-2}=0.16$ MPa^{-1}，属中压缩性土。层厚 2.70～3.30 m，层顶标高 156.12～157.14 m。

⑦ 黄土状粉质黏土（Q_3^{al+pl}）：黄褐色，可塑至硬塑为主，局部坚硬。具针状小孔隙及少量大孔隙，含小姜石及铁锰质氧化物，有贝壳碎屑。该层土无摇震反应，干强度较高，韧性较高，稍有光滑。压缩系数平均值 $\alpha_{1-2}=0.19$ MPa^{-1}，属中压缩性土。层厚 2.40～3.10 m，层顶标高 153.37～153.97 m。

⑧ 黄土状粉质黏土（Q_3^{al+pl}）：黄褐色，可塑至硬塑，局部软塑。具针状小孔隙及少量大孔隙，含小姜石及铁锰质氧化物，可见贝壳碎屑，局部区域偶见砂薄层。该层土无摇震反应，干强度较高，韧性较高，稍有光滑。压缩系数平均值 $\alpha_{1-2}=0.23$ MPa^{-1}，属中压缩性土。层厚 2.40～4.50 m，层顶标高 150.52～151.37 m。

⑨ 黄土状粉土（Q_3^{al+pl}）：浅黄褐色，密实，饱和。具针状小孔隙及少量大孔隙，含小姜石及较多氧化铁条纹，有锰质斑，可见贝壳碎屑。该层砂性较大，局部区域夹砂薄层，底部段局部含卵石。该层土摇震反应迅速，干强度低，韧性低，无光泽。压缩系数平均值 $\alpha_{1-2}=0.13$ MPa^{-1}，属中压缩性土。层厚 0.60～2.50 m，层顶标高 147.62～148.28 m。

a. 中砂（Q_3^{al+pl}）：浅黄褐色，中密，饱和。矿物成分以石英、云母为主。该层以中砂为主，混粗砂、砾砂及少量圆砾、卵石，局部粗砂、砾砂含量较高。该层以透镜体形式分布于⑨黄土状粉土之中。层厚 0.60～1.00 m。

⑩ 卵石（Q_3^{al+pl}）：杂色，饱和，中密为主，局部密实。岩性成分主要为石英砂岩，卵石磨圆度较好，多呈圆形及亚圆形，一般粒径 3～8 cm，最大粒径超过 15 cm。卵石含量在 70％～80％，充填物多为中粗砂、圆砾、少量黏性土及粉土。卵石分选性一般，级配一般。该

层未钻穿,最大揭露厚度 13.30 m,层顶标高 145.44~146.98 m。

a. 卵石(Q_3^{al+pl}):杂色,饱和,稍密。岩性成分主要为石英砂岩,卵石磨圆度较好,多呈圆形及亚圆形,一般粒径 2~5 cm,最大粒径超过 10 cm。卵石含量约 55%,局部以圆砾为主,充填物以砂及黏性土为主。分选性一般,级配一般。该层以透镜体形式分布于⑩卵石层之中。层厚 0.40~0.90 m。

b. 含圆砾粉质黏土(Q_3^{al+pl}):黄褐色,硬塑,含铁锰质氧化物,圆砾及卵石含量较高,圆砾含量超过 25%。粉质黏土无摇震反应,干强度较高,韧性较高,稍有光滑。该层以透镜体形式分布于⑩卵石层之中。层厚 0.50~1.00 m。

以上各地基土层的相对位置关系如图 6-7、图 6-8 所示。

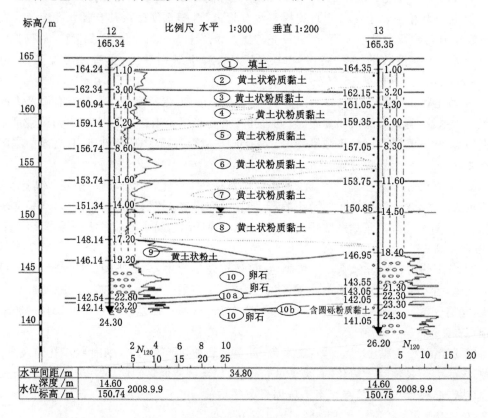

图 6-7　剖面图(平面图见图 6-8)

(4) 地下水

勘察期间,各钻孔内均见地下水,地下水初见水位埋深在自然地面下 14.70~15.40 m,稳定水位埋深在 14.30~14.80 m,相应标高在 150.42~150.96 m。该地下水类型为潜水(略具承压性),主要由大气降水及河水补给,赋水量大,含水层为⑧层及以下各层,地下水位年变化幅度在 2.0 m 左右。据有关观测资料,该区域历史最高水位约为 153.50 m,近 3~5 年最高水位约为 152.00 m。根据区域地质资料,该层地下水对混凝土结构不具腐蚀性。若施工需要采用降水措施时,据区域水文地质资料,⑦层、⑧层黄土状粉质黏土的渗透系数可按 0.5~2.0 m/d 考虑,⑨层中砂的渗透系数可按 10~25 m/d 考虑,⑩a 卵石层渗透系数可按

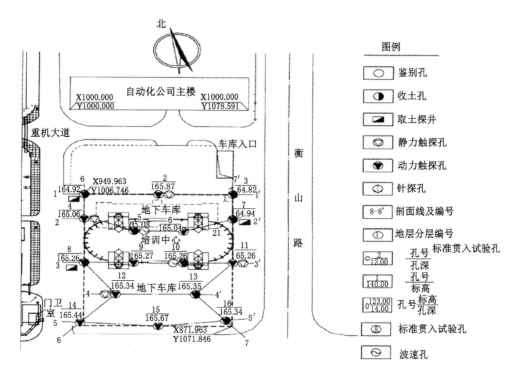

图6-8 勘探点平面位置图

120~150 m/d考虑。进行降水设计时,宜做相应水文地质试验,以求得本场地的水文地质参数。根据区域工程地质资料,地下水及土对钢筋混凝土结构不具腐蚀性。

(5)区域地质构造

拟建场地在大地构造上跨越华北断块区和秦岭断褶系两个构造单元,位于华北断块内。工程区所在的××盆地系于中生代末期生成的北东向断陷盆地,西与××盆地相连,向东延伸至××一带。

(6)不良地质作用

根据区域地质资料,场地及其附近无全新活动断裂通过,现场踏勘未发现新构造活动的痕迹,亦无发现岩溶、暗浜、暗塘、古河道等其他不良地质作用,但拟建场地有防空洞通过,设计和施工前,应准确查明其埋深及分布范围,并对其进行必要的处理。

(7)岩土参数的统计、分析和选用

(略)。

3. 场地岩土工程性质评价

(1)场地的稳定性和适宜性。根据区域地质调查,拟建场区无区域性大断裂通过,也无新构造活动的痕迹。场地地形平坦,地层分布较均匀,场地内及周围无影响建筑物安全的较大不良地质作用分布,因此拟建场地稳定,适宜建筑。

(2)地基土的分布特征及均匀性。

(3)地基土的湿陷性。

(4)地基土的承载力特征值及变形参数。

　　根据野外钻探、现场原位测试及室内土工试验成果,依据国家有关规范,并结合地区建筑经验,综合确定各地基土层的承载力特征值及变形参数,具体见表6-11。

表 6-11　　　　　　　　　　　　　各地基土承载力特征值及压缩模量

地基土层层名	承载力特征值 f_{ak}/kPa	压缩模量/$E_{s(1-2)}$/MPa
② 黄土状粉质黏土	120	10.3
③ 黄土状粉质黏土	160	11.1
④ 黄土状粉质黏土	155	12.1
⑤ 黄土状粉质黏土	150	10.8
⑥ 黄土状粉质黏土	170	11.5
⑦ 黄土状粉质黏土	160	10.6
⑧ 黄土状粉质黏土	150	8.7
⑨ 黄土状粉土	190	12.3
⑨a 中砂	200	15.0*
⑩ 卵石	750	55.0*
⑩a 卵石	300	22.0*
⑩b 含圆砾粉质黏土	220	15.0*

注:带"*"者为变形模量。

　　4. 地基基础方案

　　(1) 培训中心办公楼

　　① 天然基础。根据设计单位提供的工程地质勘察技术要求,拟建培训中心办公楼地上21层,地下1层,高76 m,框架-剪力墙结构,柱距9.0 m,跨度9.0 m,最大单柱荷重约20 000 kN,基础埋深±0.000下5.5 m,地下室埋深±0.000下4.2 m,拟采用筏形基础或桩基础。

　　根据场地的工程地质条件,假定±0.000标高为166.0 m,基础埋深为±0.000下5.5 m,则基底标高为160.5 m,若采用天然地基上的筏形基础,天然地基下基础持力层将落在④层黄土状粉质黏土上,根据《湿陷性黄土地区建筑规范》(GB 50025—2004)的规定,持力层承载力特征值应按 $f_a = f_{ak} + \eta_b \gamma (b-3) + \eta_d \gamma_m (d-1.5)$ 计算。式中符号含义详见(GB 50025—2004)的规定。经计算,④层经深度修正后的地基承载力特征值为 $f_a = 155$ kPa(考虑拟建培训中心办公楼周围地下车库采用独立基础,地基承载力特征值深度修正自地下室底面算起)。本办公楼为地上21层,地下1层,预计筏形基础基底压力330 kPa左右,天然地基承载力不能满足要求。另外,本场地地基湿陷等级为Ⅰ级,而拟建办公楼建筑分类为甲类,根据《湿陷性黄土地区建筑规范》(GB 50025—2004)的规定,本工程不能采用天然地基浅基础方案,需对地基进行处理,消除地基全部湿陷量,基础采用人工地基上的浅基础方案或采用桩基础穿过湿陷性土层。

　　② 桩基础

　　(略)。

　　(2) 地下车库

　　(略)。

5. 设计与施工应注意的问题

（略）。

6. 结论与建议

（1）拟建场地地貌单元属于涧河Ⅱ级阶地，分布的地基土主要为冲洪积作用形成的黄土状粉质黏土、粉土及砂卵石等。

（2）拟建场地属于非自重湿陷性黄土场地，拟建场地地基可按Ⅰ级湿陷性黄土地基考虑。

（3）拟建建筑物采用浅部土层为基础持力层时，地基为均匀地基；采用以卵石层为桩基础持力层时，地基为不均匀地基。

（4）勘察期间，各钻孔内均见地下水，地下水稳定水位标高在 150.42～150.96 m。该地下水类型为潜水，根据区域资料，地下水及土对混凝土不具有腐蚀性。

（5）拟建场区抗震设防烈度为 7 度，场地土的类型为软弱至中硬场地土，建筑场地类别为Ⅱ类，场地的特征周期为 0.35 s，场区内无可液化地层，抗震地段划分为可进行建设的一般场地。本场地稳定，适宜建筑。

（6）本工程培训中心办公楼可采用以卵石层为桩端持力层的中等直径灌注桩基础[长螺旋钻孔或旋挖（冲击）成孔]加筏形基础或预制桩基础（若只在框架柱及剪力墙下布桩，桩基承载力难以满足上部荷载的要求），亦可采用以卵石层为桩端持力层的扩底灌注桩基础或组合型复合地基。地下车库可采用中等直径灌注桩基础[长螺旋钻孔或旋挖（冲击）成孔]或预制桩基础，以卵石为桩端持力层；亦可采用夯实水泥土桩复合地基上的独立基础。

（7）基础设计时，应根据荷载的具体分布情况，对地基的变形及下卧层强度进行验算。

（8）桩基施工图设计前，建议在拟建场地进行试桩，以确定合适的桩型、施工工艺及单桩承载力特征值。

（9）设计和施工前，应先准确查明拟建场地防空洞的分布及埋深情况，并根据拟采用的地基、基础形式按照有关规范的规定对其进行处理。

（10）基础施工时，请及时通知勘察分院进行验槽工作。

第四节　基槽检验与基槽的局部处理

一、地基基础验槽的准备工作

地基基槽（坑）开挖后的验槽工作关系到整个建筑的安全。每一位工程技术人员，对每一个基槽都应慎之又慎，决不能出现任何疏忽，不能放过任何蛛丝马迹。基槽检验可以采用触探或其他方法，当发现与地质勘察报告和设计文件不一致或遇到异常情况时，应结合地质条件提出处理意见。

（1）必须具备的资料和条件

① 勘察、设计、质检、监理、施工及建设方有关负责人员及技术人员到场。

② 附有基础平面和结构总说明的施工图阶段的结构图。

③ 详勘阶段的岩土工程勘察报告。

④ 开挖完毕，槽底无浮土、松土（若分段开挖，则每段条件相同），条件良好的基槽。

（2）准备工作

① 查看结构说明和地质勘察报告,对比结构设计所用的地基承载力、持力层与报告所提供的是否相同。

② 询问、查看建筑位置是否与勘察范围相符。

③ 查看场地内是否有软弱下卧层。

④ 场地是否为特别不均匀场地,勘察方要求进行特别处理的情况设计方是否没有进行处理。

⑤ 要求建设方提供场地内是否有地下管线和相应的地下设施。

⑥ 场地是否处于采空影响区而未采取相应的地基、结构措施。

二、地基基础的验槽

一般就建筑物来说,浅基础是指埋深小于基础宽度或小于一定深度的基础,国外建议把深度超过 6 m 的基坑定为深基坑,国内有些地区建议把深度超过 5 m 的基坑定为深基坑。本书采用国内方法,即基础埋深小于基础宽度、深度小于 5 m 的基坑为浅基坑。

（1）浅基础的验槽应注意的情况

① 场地内是否有填土和新近沉积土。

② 基础范围内是否存在两个以上不同成因类型的底层。

③ 局部含水量与其他部位有差异。

④ 基础范围内是否存在局部异常土质或坑穴、古井、老地基或古迹遗址。

⑤ 是否因雨、雪、天寒等情况使基底岩土的性质发生了变化。

⑥ 基础范围内是否遇有断层碎带、软弱岩脉以及废河、湖、沟、坑等不良地质条件。

⑦ 场地内是否有被扰动的岩土。

验槽宜以使用袖珍贯入仪等简便易行的方法为主,必要时可在槽底普遍进行轻便钎探,以免造成涌砂。当施工揭露的岩土条件与勘察报告有较大差别或者验槽人员认为必要时,可有针对性地进行补充勘察工作。

（2）深基础(包括桩基、沉井、沉管、管柱架等形式)的验槽应注意的情况

① 基槽开挖后,地质情况与原提供地质报告是否相符。

② 场地内是否有新近沉积土。

③ 是否因雨、雪、天寒等情况使基底岩土的性质发生了变化。

④ 边坡是否稳定。

⑤ 场地内是否有被扰动的岩土。

⑥ 地基基础应尽量避免在雨季施工。无法避开时,应采取必要的措施防止地面水和雨水进入槽内,槽内水应及时排出,使基槽保持无水状态,水浸部分应全部清除。

⑦ 严禁局部超挖后用虚土回填。

（3）复合地基(人工地基)的验槽

复合地基是指采用人工处理后的,基础不与地基土发生直接作用或仅发生部分直接作用的地基,与天然地基相对应,包括用换土垫层、强夯法、各种预压法(先期固结)、灌浆法、振冲桩法、挤密桩法处理等。

复合地基的验槽,应在地基处理之前或之间、之后进行,主要有以下几种情况:

① 对换土垫层,应在进行垫层施工之前进行。根据基坑深度的不同,分别按深、浅基础的验槽进行。经检验符合有关要求后,才能进行下一步施工。

② 对各种复合桩基,应在施工之中进行。主要为查明桩端是否达到预定的地层。

③ 对各种采用预压法、压密、挤密、振密的复合地基,主要是用试验方法(室内土工试验、现场原位测试)来确定是否达到设计要求。

(4) 桩基的验槽

① 机械成孔的桩基,应在施工中进行。干施工时,应判明桩端是否进入预定的桩端持力层;泥浆钻进时,应从井口返浆中获取新带上的岩屑,仔细判断,认真判明是否已达到预定的桩端持力层。

② 人工成孔桩,应在桩孔清理完毕后进行。

a. 对摩擦桩,应主要检验桩长。

b. 对端承桩,应主要查明桩端进入持力层长度、桩端直径。

c. 在混凝土浇灌之前,应清净桩底松散岩土和桩壁松动岩土。

d. 检验桩身的垂直度。

e. 对大直径桩,特别是以端承为主的大直径桩,必须做到每桩必验,检验的重点是桩端进入持力层的深度、桩端直径等。

f. 桩端全断面进入持力层的深度,对于黏性土、粉土不宜小于 $2d$,砂土不宜小于 $1.5d$,碎石土类不宜小于 d ;季节冻土和膨胀土,应超过大气影响急剧深度并通过抗拔稳定性验算,且不得小于 4 倍桩径及 1 倍扩大端直径,最小深度应大于 1.5 m。对岩面较为平整且上覆土层较厚的嵌岩桩,嵌岩深度宜采用 $0.2d$ 或不小 0.2 m。

g. 桩进入液化层以下稳定土层中的长度(不包括桩尖部分)应按计算确定,对于黏性土、粉土不宜小于 $2d$,砂土类不宜小于 $1.5d$,碎石土类不宜小于 d ,且对碎石土、砾(粗、中)砂、密实粉土、坚硬黏土尚不应小于 500 mm,对其他非岩类土尚不应小于 1.5 m。

(5) 施工勘察

有下列情况之一时应要求施工单位进行施工勘察和监测:

① 基槽开挖后,岩土条件与原勘察资料不符。

② 在地基处理及深基坑开挖施工中。

③ 地基中溶洞或土洞、地裂缝较发育,应查明并提出处理建议。

④ 施工中出现有边坡失稳危险。

⑤ 场地内有湿陷性、膨胀性、土岩组合岩土等特殊性岩土时。

⑥ 对湿陷性岩土场地,尚应对建筑物周围 3～5 m 范围内进行探查和处理。

三、地基基槽的局部处理

(1) 验槽时,基槽内常有填土出现,处理时,应根据填土的范围、厚度和周围岩土性质分别对待。

① 当填土面积、厚度较大时,宜用砂石、碎石垫层等柔性垫层或素填土进行处理;或在局部用灰土处理后,再全部以 300～500 mm 厚的相同材料的垫层进行处理。

② 基槽内有小面积且深度不大的填土时,可用灰土或素土进行处理。

(2) 当基槽内有水井时,可对主要压缩层内采用换土处理后用梁跨过;仍可使用或仍需使用的水井,当水位变化幅度在坚硬岩土层内时,可加大基础面积、改变局部基础形式,并用梁跨过。

(3) 对于扰动土,无论是被压密的还是已被剪切破坏的(俗称橡皮土),均应全部清除,用换填法进行处理。

（4）对经过长时间压密的老路基应全部清除，老建（构）筑物的三七灰土基础、毛石基础及坚硬垫层，原则上应全部清除，不能全部清除的，按土岩组合地基处理。

（5）当机械施工时，对硬塑-坚硬状松散黏性土和粗粒土，应预留 300 mm 左右用人工开挖；对含水量较高（可塑以下）的黏性土和粉土，应最少预留 500 mm 用人工开挖，严禁基槽土被扰动。

（6）冬季施工，本地区应虚铺 200～400 mm 厚的黏性土以防被冻。若出现基槽岩土被冻的情况，所有冻土应全部清除，换填处理。

（7）被雨、雪及其他水浸泡的黏性土地基，水浸部分应全部清除，换填处理。

（8）基底为黏性土时，应禁止曝晒。若因曝晒而出现龟裂的槽底岩土，应全部清除。

（9）若在安全距离之内有老建（构）筑物，当未采取支护措施时，基槽应分段施工。

拓 展 练 习

1. 岩土工程勘察的目的和主要内容是什么？
2. 岩土工程勘察分为哪几个阶段？各阶段的任务是什么？
3. 勘察点和勘探线应如何布置？
4. 岩土工程勘察方法有哪些？其使用条件和用途分别是什么？
5. 岩土工程勘察报告主要包括哪些内容？
6. 基槽（坑）的检验要点是什么？局部处理的方法有哪些？

附录 土工试验

一、概述

土工试验包括的内容很多,这里主要介绍室内试验的一部分。《建筑地基基础设计规范》(GB 50007—2011)规定的试验项目为:

(1)黏性土:颗粒分析、天然密度、天然含水率、密度、可塑性及抗剪强度。

(2)砂土:颗粒分析、天然密度、天然含水率、密度及自然休止角。

(3)碎石土:必要时可做颗粒分析。对含黏性土较多的碎石土,宜测定天然土的天然含水量和可塑性。必要时可做现场大体积密度试验。

(4)岩石:必要时应测定饱和状态的无侧限抗压强度。

《土木工程专业教学大纲》规定的试验项目为:天然密度、天然含水率、筛分法、流塑限试验、压缩试验、抗剪强度试验、击实试验。

本试验按《土工试验方法标准》编写,试验最后结果为 SI 单位。

二、密度试验

密度试验的目的是测定土的单位体积的质量,以便了解土的疏密和干湿状态,供换算土的其他物理力学指标和设计之用。对一般黏性土,多采用环刀法,即用一定体积的环刀切土,然后称重,得出环刀内土的体积和质量即可算出土的密度。如果土样易碎裂,难以切削,可改用蜡封法。现场条件下,对粗颗粒土可用灌砂法或灌水法。以下以环刀法为例进行介绍。

1. 仪器设备

(1)环刀,内径 61.8 mm 和 79.8 mm,高度 20 mm。体积分别为 60 cm^3 和 100 cm^3。

(2)天平:称量 500 g 最小分度值 0.18 或称量 200 g 最小分度值 0.018。

(3)其他:修土刀、刮刀、凡士林等。

2. 操作步骤

(1)在环刀内壁涂一层薄薄的凡士林油,并将其刃口向下放在土样上。

(2)用修土刀沿环刀外缘将土样削成略大于环刀直径的土柱,然后慢慢将环刀垂直下压,边压边削,到土样伸出环刀为止。

(3)用刮土刀仔细刮平两端余土,注意刮平时不得使土样扰动或压密。

(4)擦净环刀外壁,称量环刀加土的质量,准确至 0.1 g。

(5)按下式计算土的密度:

$$\rho = \frac{(m_0 + m) - m_0}{V}$$

式中 ρ——土的密度,g/cm^3;

(m$_0$＋m)——环刀加土的质量,g;

V——环刀体积，cm^3。

3. 试验记录

测量时，为了减小误差，要求测两次，且两次平行测定的允许值不得超过 $0.03~g/cm^3$

密度试验(环刀法)

试验日期	土样编号	环刀号码	环刀质量 /g	环刀＋土质量 /g	环刀体积 /cm³	湿土质量 /g	试样密度 /(g/cm³)
			m_0	m_0+m	V	m	ρ

需要注意的是：

(1) 当土样坚硬、易碎或含有粗颗不易修成很规则形状，采用环刀法有困难时，一般采有蜡封法，即将要测定密度的土样称出质量后浸入刚熔化的石蜡中，使试样表面包上一层蜡膜，分别称量蜡加土在空气及水中的质量，已知蜡的密度，通过简单的计算便可求得土的密度。也可采用水银排出法，即将土样称量后，压入盛满水银的器皿中，根据排出水银体积便可换算求得土的密度。

(2) 在野外现场遇到砂或砂卵石不能取原状土样的，一般可采用灌砂法进行现场密度测定，即在测定地点挖一小坑，称量挖出来的砂卵石质量，然后将事先测定(知道质量和体积关系)的风干标准砂轻轻倒入小坑，根据倒入砂的质量可以计算出坑的体积，从而计算出砂卵石的密度。

三、含水率试验

土的含水率是指土在 $100\sim105~℃$ 下烘干到质量恒定时所失去的水分质量和达到恒定后干土质量的比值，以百分数表示。在实验室通常用烘干法测定土的含水率，即将土样放在烘箱内烘至质量恒定，在野外如无烘箱设备或要求快速测定含水率时，可根据土的性质和工程情况分别采用红外线灯烘干法、酒精燃烧法、烘干法等。以下以烘箱烘干法为例进行介绍。

1. 仪器设备

(1) 烘箱：可采用电热烘箱或温度能保持在是 $100\sim105~℃$ 的其他能源烘箱。

(2) 天平：称量 100 g，最小分度值 0.01 g。

(3) 其他：称量盒、干燥器(内有硅胶或氯化钙作为干燥剂)等。

2. 操作步骤

(1) 取代表性土样 15~30 g，放入称量盒内，立即盖好盒盖。

(2) 放天平上称量，准确至 0.01 g。

(3) 揭开盒盖，套在盒底，放入烘箱，在温度 $100\sim150~℃$ 下烘干至质量恒定。

（4）将烘干后的土样和盒从烘箱中取出,盖好盒盖收入干燥器内冷却至室温,称干土质量,准确至 0.01 g。

（5）按下式计算含水量:

$$w = \frac{(m_0 + m) - (m_0 + m_s)}{(m_0 + m_s) - m_0} \times 100\%$$

式中　w——含水率,%;

　　　m_0——盒质量,g;

　　　$(m_0 + m)$——盒加湿土质量,g;

　　　$(m_0 + m_s)$——盒加干土质量,g。

3. 试验记录

含水率试验

试验日期	土样编号	盒号	盒质量/g	盒+湿土质量/g	盒+干土质量/g	水质量/g	干土质量/g	含水率/%

四、筛析法

1. 仪器设备

（1）分析筛:据孔径大小分粗筛和细筛两类。土工试验中常用的粗筛一般为圆孔,孔径(mm)为 100、80、60、40、20、10、5、2;细筛一般为方孔,等效孔径(mm)为 2.0、1.0、0.5、0.25、0.10、0.075。不同国家和不同部门使用的分析筛孔径大小分级有些差别。

（2）分析天平:依称量范围和精度,称量 10 kg 感量 1 g,称量 1 000 g 感量 0.1 g。

（3）摇筛机:规范规定摇筛机能够在水平方向摇振,垂直方向拍击。摇振次数为 100～200 次/min,拍击次数为 50～70 次/min。

（4）辅助设备:包括烘箱、量筒、漏斗、瓷杯、研钵、瓷盘、毛刷、匙、木碾、白纸等。

2. 操作步骤

（1）用四分法从风干的松散土样中取土。取土数量按下表执行。

筛分法取土数量

最大粒径/mm	≤2	≤10	≤20	≤40	>40
取样质量/g	100～300	300～900	1 000～2 000	2 000～4 000	4 000 以上

（2）将试样过 2 mm 筛,分别称出筛上和筛下土质量。取 2 mm 筛上土倒入依次叠好的粗筛的最上层筛中,取 2 mm 筛下土倒入依次叠好的细筛的最上层筛中(分析筛自上至下孔径自大至小叠放)。用摇筛机充分筛析至各筛上土粒直径大于筛孔孔径,一般摇筛 15～30 min。

（3）由最大孔径筛开始，顺序将各筛取下，将留在各筛上的土分别称量，准确至 0.1 g。各筛上土质量之和与总土质量之差不得大于总土质量的 1%。

（4）计算粒组含量和累积含量，画出级配曲线，得到各特征粒径，分析土的级配，据规范定名。

（5）计算公式如下：

① 粒组含量 X：

$$X = \frac{m_i}{m} \times 100\%$$

② 累积含量 P：

$$P = \frac{m_A}{m} \times 100\%$$

式中　　X——某粒组百分含量，%；

　　　　P——小于某粒径土粒占总土质量百分含量，%；

　　　　m——试样总质量，g；

　　　　m_i——某粒组土粒质量，g；

　　　　m_A——小于某粒径土粒质量，g。

3. 试验记录

（1）筛析法试验记录表。

（2）颗粒大小级配曲线（累积分布曲线）。

（3）获得特征粒径 d_{10}、d_{30}、d_{60}，计算曲率系数 C_c、不均匀系数 C_u。

（4）据土的分类标准给土分类定名。

五、液限试验

黏性土由于其含水量的变化，其状态可呈固定、半固态、可塑态及流动态等。黏性土由一种状态转到另一种状态的分界含水率叫界限含水率。界限含水率对黏性土的工程分类及其性质评价都具有重要意义。

液限是指土由可塑状态转到流动状态时的界限含水率。如果从强度来考虑，也可以说是土体的抗剪强度"从无到有"的分界点。

液限用圆锥式液限仪测定。在试验时，当其他条件不变时，仅改变含水量，则液限仪的圆锥入土深度必将随着土样中的含水量的增加而增加。经过多次反复进行无侧限抗压强度和圆锥仪的对比，发现当圆锥的入土深度达到 10 mm 时，土样的抗剪强度最小。因此，在工程上取圆锥的入土深度为 10 mm 时土样的含水率作为液限。以下以锥形液限仪法为例进行介绍。

1. 仪器设备

重 76 g 的液限仪、秒表、铝盒、切土刀、凡士林等。

2. 操作步骤

（1）应尽可能采用天然含水量的土样进行测定。如为风干土时，应预先进行研碎并过 0.5 mm 筛。再喷洒适当的水拌和后放在有盖的玻璃瓶中湿润静止 24 h。

（2）取制备好的土样 180 g 于瓷碗中，加蒸馏水或清水用调土刀调成均匀的黏糊状。然后用刮土刀分层装入试验杯中，填装时勿使土内留有空隙或气泡。再刮去多余的土，使与杯口平齐。注意刮去多余土时,不得用刮土刀在土面上反复涂抹。

(3) 将盛满土样的试验杯连同底面的玻璃一起拿起,检查底部有无孔隙,同时检查液限仪的锥尖是否在平衡环的正中,并保持垂直状态。

(4) 用布擦净锥式液限仪,并在锥尖上涂一薄层凡士林,提住锥体上端手柄,放在试样表面中部,至锥尖与试样表现接触时,放开手指,使锥体在其自重作用下下沉入土中。

(5) 在松开手指的同时打开秒表,当锥体经约 15 s 深入土中的深度恰等于 10 mm 时,表示土的含水率刚好为液限。如果锥尖在 15 s 内入土深度大于或小于 10 mm 时,则说明试样的含水率高于或低于液限,须重新试验。此时,应先用调土刀将锥体深入处沾有凡士林的土样挖去后将全部土样挖出,放入瓷碗中,如含水量过高,则放于红外线烘箱中适当烘烤或用电吹风吹干,降低含水量;含水量小时,加适量清水后再行调拌,如此直至锥尖沉入度刚好是 10 mm 时为止。

(6) 将所得合格试样挖去沾有凡士林的那部分土,取试杯中央约 15 g 放入盒中,盖好盒盖称重,精确至 0.01 g,而后在 105 ℃下烘干至恒重,冷却后称得其干土重,测定含水率。

3. 试验记录

液限试验

试验日期	土样编号	盒号	盒+湿土质量/g	盒+干土质量/g	水质量/g	干土质量/g	液限

六、塑限试验

塑限是指黏性土可塑状态的界限含水率。试验目的是测定塑限,并与液限试验结合计算的塑性指数,作为黏土分类以及估计地基承载力的依据。塑限试验的方法一般采用搓条法。

1. 仪器设备

(1) 毛玻璃板:约 20 cm×30 cm。

(2) 卡尺:分度值为 0.02 mm。

(3) 天平:称量 200 g,最小分度值 0.01 g。

(4) 其他:称量盒等。

2. 操作步骤

(1) 按做液限试验制备土样(100 g)。

(2) 为使试验土样的含水量接近塑限,可将土样放在手中捏揉至不粘手,或用吹风机稍吹干些,然后将土样捏成扁饼状,如出现裂缝,表示土样含水量接近塑限。

(3) 取接近塑限土样的一小块,先用手搓成橄榄状,然后再用手掌在毛玻璃上轻轻地搓滚,搓滚时手掌要均匀施加压力于土样条上,不得使土样条在毛玻璃上无力滚动。土条长度不宜超过手掌宽度。在滚动时,不应从手掌下任一边脱出,土样条在任何情况下不得产生中空现象。

(4) 土条搓至直径 3 mm。

(5) 取合格的断裂土样条放入称量盒中,随即盖紧盒盖,待收集约 3～5 g 后(至少 10 条以上)称量,测定其含水率,即得该土的塑限。

(6) 计算公式如下:

$$w_p = \frac{(m_0 + m) - (m_0 + m_s)}{(m_0 + m_s) - m_0} \times 100\%$$

式中 w_p——塑限;

$(m_0 + m)$——盒+湿土质量,g;

$(m_0 + m_s)$——盒+干土质量,g;

m_0——盒质量,g。

塑性指数(I_p):

$$I_p = w_L - w_p$$

根据塑性指数,可对黏性土进行分类,定出土的名称。

3. 试验记录

塑性试验

试验日期	土样编号	盒号	盒+湿土质量/g	盒+干土质量/g	水质量/g	干土质量/g	液限

七、压缩试验

土在压力作用下体积缩小的特性称为土的压缩性。其压缩量的大小与土样上所施加的荷重大小和土样的性质有关,如在相同的荷重下,软土的压缩量就大,而紧密土的压缩量就小。又如在同一个土样的情况下,压缩量随着荷重的加大而增加。那么,在外力作用下为什么会引起土体的压缩?这是因为在荷载作用下,土体产生下面三种变形:① 土体本身的压缩;② 土体孔隙中的水和空气的压缩;③ 土孔隙中的水和空气被挤出,土的颗粒互相靠拢,孔隙体积变小。实际上,土体和水本身的压缩量很小,可以忽略不计,所以土体的压缩通常是指土体在某一外力作用下,其孔隙体积变小的现象。

压缩试验的目的就是测定一般黏性土在外侧限条件下受荷的稳定压缩量及固结过程。绘制孔隙比与压力之间的关系曲线——压缩曲线,从而确定压缩系数 α_{1-2} 及压缩模量 E_s,为评价土的压缩性及为计算建筑物的沉降量提供必要的资料。

压缩试验目前通常采用单向压缩仪。土样是放在不能发生侧向变形的压缩环内。在垂直压力作用下,只可能发生垂直方向的变形。因此,试验中只要测出压力下的垂直变形,即可求得孔隙比与压力的系数。一般的可在同一种土样上,施加不同的荷重,荷重分级不宜过大。可依土的软硬程度及工程情况取为 0.125、0.25、0.5、1.0、2.0、3.0、4.0、6.0、8.0 kg/cm²

等。最后一级荷重应大于土层计算压力的 $1 \sim 2 \ kg/cm^2$，这样可测得不同的压缩量，从而可以算出相应荷重时的土样孔隙比。

设土样的初始高为 H，则 $H = H_0 - S$，S 为外力 P 作用下土样压缩稳定后的变形量。根据孔隙比的定义。假设土粒体积为 1，则土样孔隙在受压前的初始孔隙比为 e_0，在受压后的孔隙比为 e。为求土样压缩稳定后的孔隙比 e，利用受压前、后土颗粒体积不变和横截面积不变的两个条件，得：

$$e = e_0 - \frac{S}{H}(1 + e_0)$$

即：

$$\frac{H_0}{1 + e_0} = \frac{H}{1 + e} = \frac{H_0 - S}{1 + e}$$

$$e_0 = \frac{G_s(1 + w)\rho_w}{\rho_0} - 1$$

式中　G_s、w、ρ_0——土样比重、土样初始含水率和初始密度；

　　　H_0——土样初始高度。

因此，试验时只需测出 S 即可求得 e。

1. 仪器设备

固结仪（或称压缩仪、渗压仪）、杠杆式加压设备、测微表、秒表、天平、切土刀、大铝盒、滤纸、凡士林等。

2. 操作步骤

（1）用环刀切取土样。环刀要边削土边压入，用力要均匀，速度要适宜，以免将土样揉碎。如果所取的土样是原状土样，则压入时应使受荷方向与天然土样受荷方向一致。当整个环刀压入土样后，将上、下面削平。将外壁擦净后称重，并测定该土样的含水率及密度。

（2）将渗压环套上透水石后放入固结仪中，上面放一张湿润的滤纸。而后将带有土样的环刀压入渗压环中，并在土样表面放湿润滤纸一张后再依次加上透水石、加压活塞和传压块。

（3）采用杠杆式加压设备加荷。先检查各部连接处是否转动灵活，然后将固结仪放入框架内。使横梁压帽的弧圆中心与传压块接触，插入活塞杆，装上测微表。使测微表测杆与活塞杆顶面接触，使杠杆水平。上述步骤完成后，即可加载。先直接加第一级荷载，使土样承受 50 kPa 的压力。在加上压力的同时开动秒表，分别在 1、2、3、5、10、15、20 min 等记录测微表读数，直到稳定。再依次逐级加荷 100、200、300 kPa，测定变形量直到稳定为止。一般读到 15 min 即假定一级变形已经稳定。在最后一级荷重达到稳定并读得变形数后，即可松开测微表，卸除全部荷重，拆开固结仪，清除土样。

3. 试验记录

（1）计算试样的原始孔隙比 e_0 精确到小数点后三位。

（2）试样中的土粒净高 H_S 计算：

$$H_S = \frac{H_0}{1 + e_0}$$

式中　H_0——环刀高度，一般取 20 mm。

（3）在某一荷重下压缩稳定后试样的孔隙比：

$$e = \frac{H}{H_s} - 1$$

式中　H——试样原始高度与各级荷重下稳定后变形量 S 之差。

（4）以压力 p 为横坐标，和与之相应的孔隙比 e 为纵坐标，绘制 $e\text{-}p$ 曲线，并求出 $p_1 = 100$ kPa、$p_2 = 200$ kPa 时的压缩系数 $\alpha_{1\text{-}2}$ 以及压缩模量时 E_s，并判别土的压缩性。

4. 注意事项

（1）在每级的加荷过程中，要调节升降杆使杠杆始终保持水平位置，因此在试验之前，应将手轮顺时针旋转到初始位置，即旋不动为止，千万不能硬旋，以免损坏仪器。

（2）在压缩过程中，如发现杠杆不在水平位置，则可以逆时针转动手轮，以保杠杆水平。

八、直接剪切试验

直接剪切试验是测定土样抗剪强度指标的一种常用方法。通常采用 4 个试样，分别在不同的垂直压力下施加水平剪切力进行剪切，求得破坏时的剪应力，然后根据库仑定律确定土的抗剪强度指标 c 和 ϕ。

本试验使用应变控制式直剪仪，可根据实际情况选用快剪、固结快剪、慢剪三种方法。

1. 仪器设备

（1）应变控制直剪仪：包括剪切盒、加力及量测设备。

（2）环刀：内径 61.8 mm（面积 30.0 cm），高度 20 mm。

（3）测微表（百分表）：最大量程 10 mm，分度值为 0.01 m。

（4）其他：秒表、天平、烘箱、修土刀、推土器等。

2. 操作步骤

（1）将试样表面削平，用环刀切取试样，称环刀加湿土重，测出密度，4 块式样的密度误差不得超过 0.03 g/cm³。

（2）将剪切盒内壁擦净，上、下盒口对准，插入固定销，使上、下盒固定在一起，不能相对移动，在下盒透水石上放一张蜡纸。

（3）将带试样的环刀平口向下，对准上盒盒口放好，在试样上面顺序放蜡纸和透水石，然后用推土器将试样平稳推入上、下盒中，移去环刀。

（4）顺次放上传压板、钢珠和压板，按规定加垂直荷重（一般 1 组 4 次试验，建议采用 100、200、300、400 kPa）。

（5）按顺时针徐徐转动手轮至上盒前端的钢珠刚好与量力环接触（即量力环内的测微计指针刚好开始移动），调整测微计读数为零。

（6）拔去固定销，开动秒表，以每分钟 4～12 转的均匀速率转动手轮（本试验以每分钟 6 转为宜），转动过程不中途停顿或时快时慢。使试样在 3～5 min 内剪损，手轮每转一圈应测记测微表读数一次，直至量力环的测微表指针不再前进或有后退，即说明试样已剪损。如测微表指针一直缓慢前进，说明不出现峰值，则剪切变形达 4 mm 时为止。

注意：手轮每转一圈推进下盒 0.2 mm。

（7）剪切结束后，倒转手轮，然后顺序去掉荷载、加压架、钢珠、传压板与下盒，取出试样。

（8）重复上述步骤，做其他各垂直压力下的剪切试验。

3. 试验记录

(1) 密度的计算(略)。

(2) 抗剪强度的计算:

$$\tau_f = C_0 R$$

式中 τ_f——抗剪强度,kPa;

R——量力环中测微表最大读数,或位移量 4 mm 时的读数(0.01 mm);

C_0——量力环测定系数(1 kPa/0.01 mm)。

(3) 剪切位移量的计算:

$$\Delta L = 20n - R$$

式中 ΔL——剪切位移(0.01 mm);

R——同上;

n——手轮转数。

(4) 以抗剪强度 τ_f 为纵坐标,垂直应力为横坐标,绘出坐标点(注意纵、横坐标比例尺应一致)。根据这些点绘一线段,即为强度包线。该线的倾角即为土的内摩擦角 ϕ,该线在纵坐标上的截距即为土的黏聚力 c。

九、击实试验

土体击实过程中,随着击实功增加,体积不断减小。对于非饱和土,在一定击实作用下,当含水量很低时,土粒间的水主要为吸着水,土粒间引力较大,在外力作用下,由于吸着水能随剪应力作用,使土的骨架不易变形,因而击实困难,相应的干密度较小。

随着含水量增加,吸着水膜变厚,粒间引力减小,土体易于击实,相应干密度增加;当土体含水量接近饱和水量时,土样出现大量的自由水和封闭气体,外力功大部分变成孔隙应力,因而土粒受到的有效击实功减小,干密度降低。对于细粒饱和土,由于渗透系数小,在击实过程中来不及排水,故认为是不可击实的。

1. 仪器设备

(1) 击实仪。

(2) 推土器:用特制的螺旋式千斤顶或液压千斤顶加反力框架组成。

(3) 台秤:称量 5 000 g,感量 5 g。

(4) 其他设备:同烘干法含水量试验的全部仪器设备。

2. 操作步骤

(1) 试样制备,击实试验制备分干法和湿法两种:

① 干法制样:取代表性土样 20 kg,风干碾碎,过 5 mm 筛后将土样拌匀,并测定土样的风干含水量 w_{op}。根据土的最优含水量略低于塑限的经验,由塑限预估最优含水量。

选择 5 个含水量制备 5 份试样,每份试样质量 2 kg 或 5 kg(小击实筒 2 kg,大击实筒 5 kg),各试样间含水量相差 2%~3%。加入需要的水拌和均匀后,密封静置一昼夜后备用。

② 湿法制样:将天然含水量的土样碾碎后,过 5 mm 筛,在最优含水量左右制备土样,土样之间的含水量相差 2%~3%。静置一昼夜使含水量均匀分布后备用。

(2) 击实:将击实筒内壁涂一薄层凡士林或润滑油,固定在击实仪刚性底板上,装好护筒。《土工试验方法标准》(GB/T 50123—1999)规定了轻型击实仪分三层击实,每层装入试样 600～800 g,每层击 25 击。每层击实后高度不超过理论高度 5 mm,最后余高应小于 6 mm。

(3)拆除护筒,用刀修平击实筒顶部的试样。

(4)拆除底板,试样底部若超过筒外,也应修平,擦净筒外壁,称筒+试样总质量,估读至 1 g,计算出试样湿密度。

(5)用推土器将试样从筒中推出,在试样中心取两块代表性土样测定含水量,当两个含水量值相差小于 2%时,计算得到试样平均含水量,计算试样的干密度。

(6)重复以上步骤,对不同的含水量试样进行击实试验,得到各试样的湿密度,计算得到干密度。

(7)画出击实曲线,得到最大干密度和对应的最优含水量。

3.试验记录

击实试验记录

实筒体积：　　　　　土样类别：　　　　　估计最优含水量：
分层数：　　　　　每层击数：　　　　　土粒比重：　　　　　风干含水量：

干密度						含水量					
试样序号	筒+湿土质量/g	试筒质量/g	湿土质量/g	密度/(g/cm³)	干密度/(g/cm³)	盒号	盒+湿土质量/g	筒+干土质量/g	盒质量/g	含水量/%	平均含水量/%

参 考 文 献

［1］陈国兴,樊良本,陈甦,等.土质学与土力学[M].2 版.北京:中国水利水电出版社,2006.

［2］陈晋中.土力学与地基基础[M].2 版.北京:机械工业出版社,2013.

［3］高大钊,袁聚云.土质学与土力学[M].3 版.北京:人民交通出版社,2006.

［4］李广信.高等土力学[M].2 版.北京:清华大学出版社,2016.

［5］李广信,张丙印,于玉贞.土力学[M].2 版.北京:清华大学出版社,2013.

［6］梁利生.土力学与地基基础[M].北京:北京理工大学出版社,2012.

［7］刘新安,吴建文,詹春.土力学与地基基础[M].天津:天津科学技术出版社,2013.

［8］钱家欢,殷宗泽.土工原理与计算[M].2 版.北京:中国水利水电出版社,1996.

［9］任文杰.土力学及基础工程习题集[M].北京:中国建筑工业出版社,2004.

［10］王文睿.土力学与地基基础[M].北京:中国建筑工业出版社,2012.

［11］务新超.土力学[M].郑州:黄河水利出版社,2003.

［12］杨进良.土力学[M].4 版.北京:中国水利水电出版社,2009.

［13］张丹青.土力学与地基基础[M].北京:化学工业出版社,2008.

［14］张克恭,刘松玉.土力学[M].3 版.北京:中国建筑工业出版社,2010.